新儒商家风

黎红雷题

家风的力量

新儒商家风

黎红雷　乔　迁 主编

团结出版社

图书在版编目（CIP）数据

家风的力量：新儒商家风 / 黎红雷，乔迁主编 . —
北京：团结出版社，2022.10
ISBN 978-7-5126-9809-3

Ⅰ . ①家… Ⅱ . ①黎… ②乔… Ⅲ . ①家庭道德—中
国 Ⅳ . ① B823.1

中国版本图书馆 CIP 数据核字（2022）第 204491 号

出　　版：团结出版社
（北京市东城区东皇城根南街 84 号 邮编：100006）
电　　话：（010）65228880 65244790
网　　址：http://www.tjpress.com
E-mail：65244790@163.com
经　　销：全国新华书店
印　　装：廊坊市海涛印刷有限公司
开　　本：170mm × 240mm 1/16
印　　张：37.25
字　　数：567 千字
版　　次：2022 年 10 月 第 1 版
印　　次：2022 年 10 月 第 1 次印刷

书　　号：978-7-5126-9809-3
定　　价：158.00 元（上中下）

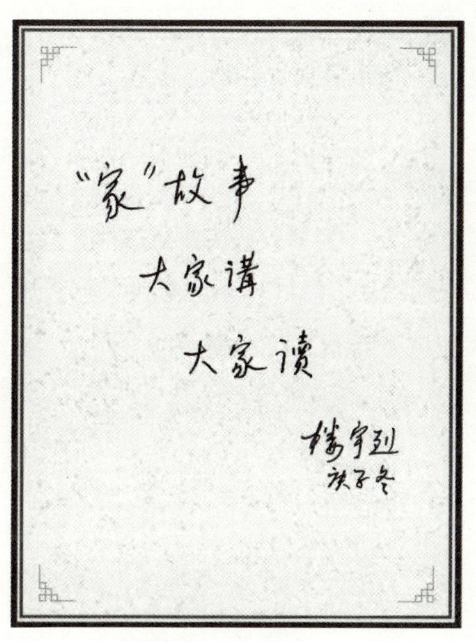

"家"故事，大家讲，大家读

楼宇烈　庚子冬

楼宇烈，北京大学哲学系教授，北京大学哲学系东方哲学教研室主任，北京大学宗教研究院名誉院长，北京大学学术委员会委员，健坤慈善基金会家风顾问。

宗旨：陪伴父母慢慢变老，陪伴孩子茁壮长大

使命：传承好家风，兴家强国

家风丛书公益项目简介

家风丛书项目围绕“家庭育品，家教养德，家风立人”的宗旨分为三个系列：

第一个系列是讲好模范家庭的家风故事《我的爸爸妈妈》丛书（单卷本）。即一本书通过整理一个家庭、一个家族祖辈传承和今人接续，并继续发扬光大的优秀家风。

第二个系列是梳理不同行业、不同群体，但有着共同背景的家风人物群体结集成《家风的力量》丛书（合集本）。即一本书整理数位有着相同特征或背景的人物的家风故事。

第三个系列是普惠社区的《我的家风我的家》家风读本（家风笔记）。即以图片、文字、视频、音频等多种形式相结合，易于广大的普通人来书写编撰的家风故事集。以生动活泼、简洁便利的形式呈现出每个家庭、每个人的优秀家风。

以这三个维度来讲好“中国家故事”、树立“中国家榜样”、感动“中国家美德”。家风丛书就是希望以书中的人物为榜样引领、思想引领，弘扬优良家风中蕴含的社会主义核心价值观，讲好家故事，讲好中国故事，建立文化自信，树立和创造新时代的优良家风，为“家庭家教家风”建设提供一些有益的实践成果。

有意愿致力于家风传承和传播的各界友人，健坤慈善基金会愿与您共同携手讲好家故事，传承中华优秀家风。

欢迎咨询“15601322457”微信号，将竭诚为您提供家风整理和传播的公益帮助！

健坤慈善基金会

《家风的力量——新儒商家风》编委会

主编简介

黎红雷，中山大学中国哲学博士，美国夏威夷大学比较管理哲学博士后。先后担任中山大学哲学系系主任、中外管理研究中心主任，教授、博士生导师。博鳌儒商论坛理事长，全国新儒商团体联席会议秘书长，中国孔子基金会企业儒学研究专业委员会主任。

主编简介

乔迁，中桥创投董事长，天使百人会创始会长，健坤慈善基金会理事长。1995 年创立神州新桥科技有限公司，经营实体企业 15 年后将其并购给东华软件。2010 年创立中桥创投从事创业投资，累计直接投资上百个创业项目和参与 16 只创投基金，并主导发起 3 只创投基金。2013 年牵头发起成立天使百人会，团结上百位企业家和天使投资人，汇聚百人智慧，成就创业梦想。2016 年独自捐资成立健坤慈善基金会，致力于家风、家教建设，弘扬中华优良家风，助推社风向上向善，传承好家风，兴家强国。

《家风的力量》丛书总序

传承好家风，兴家强国

我开始策划“家风”口述丛书的起因，要从我的母亲说起。

母亲80岁生日之前，我一直在考虑应该送给母亲一件什么样的生日礼物。母亲从小寄人篱下，艰苦的生活促使母亲少年自立，她抓住一切机会努力学习，强化自己。她在学习当中非常坚韧，在工作当中异常努力，46岁改行，68岁学开车……

回顾母亲80年的人生经历，我突然意识到，这分明就是一部鲜活的人生励志教科书！几十年来，正是母亲锲而不舍的精神一直激励着我不断前行，让我坚信，只要向着目标不懈努力终将有收获。我更坚信，母亲的经历也会激励、启发更多的人，于是《我的偶像是妈妈》诞生了。这也是我创立健坤慈善基金会的第一个公益项目，《我的爸爸妈妈》单卷本家风丛书。

在这本书当中，不仅记录了母亲的成长过程，同时也记录了母亲教育子女、操持家庭的理念。父母的言传身教，几十年来潜移默化地影响着自己，激励着自己，成就着自己。从那之后，我对家庭家教家风进行了深入的思考，我发现，中华民族是一个有着治史传统的民族，爸爸妈妈们的故事，祖辈们的故事，他们曾经经历的生活，就是一个家庭的历史，无数个家庭的历史，就是构成我们中华民族伟大历史的一部分。

由此，健坤慈善基金会《家风的力量》合集本家风丛书酝酿而出。丛书梳理不同行业、不同群体，但有着共同背景的家风人物结集成册。以口述历史的形式挖掘各行各业有杰出贡献者的优良家风，尤其是家庭家教家风在他们人生关键时刻的重要影响。丛书记录了他们在平凡的生活当中，蕴含着坚韧、顽强、豁达、善良的品格。书中不仅讲述了他们的人生故事，更是在传承着他们为子孙后代留下的清白家风，为全社会树立家风典范。充分发挥家风涵养道德、厚植文化、润泽心灵的德治作用。通过榜样引领、思想引领，弘扬优良家风中蕴含的社会主义核心价值观，讲好中国家庭故事。

中国人历来讲究“修身齐家治国平天下”，进入新时代以来，国家领导人更是重视家风文化的建设。在习近平同志看来，家庭是社会的细胞，如果每一个家庭都能够弘扬良好的家风文化，那么我们的社会就一定会成为一个风清气正的良好社会。

我认为“授人以鱼不如授人以渔”，我们选取这些家风故事，希望通过这套丛书，带给普通家庭的父母一种教育理念，带给寻常人家的子女一种向上的动力。

我希望通过传承家风，让年轻人更懂得孝敬父母，珍惜美好生活；让父母懂得应该如何培养孩子独立生活的能力；让那些在接受挑战的人能够拥有强大的内心去战胜困难；让那些已经获得成功的人，更愿意去回馈社会……更希望通过家风的力量，促进人们对家的深情，对国的热爱。

无论是“修身齐家治国平天下”的成德，还是“老吾老，以及人之老；幼吾幼，以及人之幼”的爱之延伸，爱家爱国，由私而公的家国情怀一直是中华传统文化所倡导的价值理念。每个人孝亲敬长、安居乐业，每个家庭都为中华民族这个大家庭做出贡献，才能集腋成裘、聚沙成塔，汇聚成强大的力量，实现中华民族伟大复兴。

帮助全社会重塑良好的家风，弘扬正能量，这是一种精神层面的慈善。不忘初心，方得始终。

乔　迁

2022 年 2 月 1 日

序 言

黎红雷

2013 年 5 月，我应邀前往哈佛大学演讲，顺访波士顿几所高校。其间，麻省理工斯隆管理学院企业家精神研究中心主任罗伯特（Edward B. Roberts）教授问了我一个问题。据他观察，中国的企业家，特别是改革开放早期的民营企业家，在他们创业的时候，基本上没受过什么现代管理科学的教育，那么，他们靠什么办企业？这个问题我想了一下，回答了四个字："文化资本"——指的是几千年来影响中国人思维方式和行为方式的、以儒家思想为代表的中国传统文化。

新文化运动的"打倒孔家店"和"文化大革命"运动的"破四旧"，以儒家思想为代表的中国传统文化不是已经"走进历史博物馆"了吗，怎么还能够在现实生活中发挥作用呢？

其实，文化传统有"大传统"和"小传统"之分——前者指历代累积的文化经典及官方教育，后者指口口相传的家风家训及家庭教育。但是，由于"小传统"的顽强存在，以儒家思想为代表的中国传统文化，却依然潜移默化地影响着当代中国人的思维方式和行为方式。

自 2016 年我发起创办博鳌儒商论坛以来，在寻访、表彰、宣传当代新儒商人物的过程中，更加深入了解我们新儒商人物的成长过程确实与其家风、家训、家教息息相关。因此，当我得知健坤慈善基金会创始人乔迁先生，从为自己的母亲立传，到为天下父母立言的初心以后，在感动之余，就向乔先生推荐了"新儒商家风"这个选题，并在博鳌儒商论坛表彰的近千位新儒商人物中首批选出30位，委托广东轻工职业技术学院国学教育研究所的老师们负责采访和撰写事宜。

于是，在我们的新儒商人物和采访撰写老师的共同努力之下，我们看到了家风的润泽：“言传身教源远流长”“家风润泽 成就大我”“家风无痕浸润无声”“父母是自我之本源”“家风家教是幸福人生密码”“好的家风是指引人生的明灯”；听到了家风的教诲：“精忠报国”“孝亲敬长”“崇德向善”“行仁由义”“诚实守信”“勤耕不辍”“感恩奉献”“心存敬畏”“永续斯文”“向善利众”“坚守勤俭”；感受到了家风的传承：“坚持本色传承家风”“良好家风塑造幸福人生”“走好脚下的路”“做事先做人”“立业先立德”“行正道 做正事 为正人”……听着这一句句发自肺腑的话语，读着这一篇篇感人肺腑的文字，我们得到了一场场心灵的洗礼！

编完全书，有三点感悟：

第一，“精神敬老”的感悟。据《论语》记载：子游问曰：“何为孝道？”孔子答曰：“今之孝者，是谓能养，至于犬马皆能有养；不敬，何以别乎？”“敬老”是人类区别于动物的重要标志。在当前我国已经全面建成小康社会，尤其在城市大多数老人都有退休金，不再依靠子女物质赡养的背景下，“精神敬老”就显得更加突出。子女孝敬父母，不仅要养其身，养其心，还要养其志。这一代退休老人，是中国改革开放事业的参与者，他们多彩的奋斗经历和丰富的人生经验，不仅是他们的子女也是我们这个国家宝贵的精神财富。为父母立传立言，就是新时代养老敬老的可贵尝试。

第二，“精神传承”的感悟。中国有一句老话“富不过三代”，这似乎成为一般家族特别是财富家族挥之不去的“魔咒”。但是我们中国也有一个世界上最“长寿”的家族，这就是孔氏家族。孔子一生潦倒，并没有给他的后代留下什么物质财富，但孔子的后代却世代享受荣华富贵，延续两千多年而始终不衰。为什么？因为孔子给整个中国人民包括自己的后代留下了宝贵的精神财富，这就是“德”；历代统治者敬仰孔子，“爱屋及乌”，因而给孔子的后代持续不断的物质支持，甚至清朝皇帝还要将自己的女儿改名换姓嫁入孔府……如果说“富不过三代”，那么孔氏家族的故事告诉我们：“德可传千秋。”

我们一般家庭也可以从中得到启示：只要你真正有善念善言善行，并世代传承累积，那么，“积善之家，必有余庆”！

第三，“精神幸福”的感悟。中国人讲“五福”：长寿、富贵、康宁、好德、善终。其中的“富贵”可以理解为物质幸福，“好德”可以理解为精神幸福。当代新儒商吸收中华优秀传统文化的营养，在企业中提倡“四代”理念：学习圣贤富脑袋，努力工作富口袋，以孝为根关爱员工上一代，传承家风培养员工下一代，全面关心和满足员工的物质幸福与精神幸福，当前幸福和长远幸福。这些举措，使家风的价值和作用超越传统的血缘家庭而走向了现代的企业大家庭，非常值得提倡。

事实证明，中华家风文化与当代新儒商企业家的个人成长与新儒商企业的发展壮大有着千丝万缕的关系。深入研究中华家风文化，对于落实中央《关于实施中华优秀传统文化传承发展工程的意见》，涵养中国特色的企业精神，培育底蕴深厚的现代企业文化，具有重要的意义。是为序。

目　录

家风的力量——新儒商家风（上册）

目录

第一章　家风家教，我的幸福人生密码

李景春口述，嵇苏媛整理

李景春，河北唐山人，1956 年 5 月 10 日出生于山西阳泉。作为天元集团的创始人，李景春带领企业开拓创新，从一家路边小店发展成为多元化产业集团，个人先后获得“全国劳动模范”“山西省道德模范”“博鳌儒商杰出人物”等荣誉称号，5 次走进人民大会堂，受到党和国家领导人的接见和表彰。以“帮助人成功”的企业精神，将传统文化与企业管理相融合，以实现员工幸福为公司第一目标，倡导孝道、仁爱，实现内心和悦、家庭和美、人我和心、企业和合、社会和谐。

我是李景春，我理解的家风是长辈身体力行的价值准则、道德标准和文化风尚。父母的言传身教，让我在优秀的家风和家庭教育中成长。我一直谨遵父母教诲，谦虚好学，善待他人，这让我受益终身。

母亲：种下“善”的种子

我的祖籍是河北唐山，爷爷奶奶是河北唐山人，外婆外公来自辽宁。父亲初中毕业；母亲就读的是辽宁阜新的私塾，之后去建平县当地的女德班学习，其间《王凤仪女德智慧》这本书对母亲影响很大。母亲现在90多岁，仍然坚持每天学习几小时的好习惯，学习的内容包括《易经》《黄帝内经》《道德经》《庄子》《老子》以及佛学作品等。基于这样的家庭背景，家风教育让我受益一生，特别是母亲的教育，而母亲又得益于她的家风家教。这个家风就是姥爷的“学”和“善”，一个是学习，一个是善良助人。

母亲的学习笔记

我与母亲合照

2016年，我和夫人回姥爷家（辽宁建平县）。当距离目的地还有三四十公里时，我们问村里的老乡找寻姥爷家的地址。老乡一听姥爷名字（王元祥），说："哎呀，方圆千里都知道他是王善人呀。""王善人"这个称呼，我其实并不知道，母亲也没说过。后来回到老家详细了解了才知道，姥爷因为受到《易经》的教育和影响，常常接济四周的老百姓。正如母亲所说，佛法也好，《易经》也好，都是关于"善"的教育。无论街坊邻居有什么困难，只要找到姥爷，他都会尽力去帮助，而且从来不要求有所回报。姥爷在新中国成立后被定为地主，但是"文革"的时候，姥爷作为厂长，在陕西西安造纸厂，是最早摘掉地主帽子的。舅舅告诉我，姥爷也没有被送回老家"劳动改造"。原因是，当时派人去老家调查，村里的人都说他是善人，姥爷没有受到一点"文革"的影响，只是陕西西安造纸厂厂长这个职位没了。

受到姥爷的言传身教，母亲教育我最多的一句话就是"要把好事给大家"，这句话带给了我最大的人生财富。记得很小的时候，那会儿我才刚开始记事，有一天在家里玩儿，外面来了一个乞讨的人，母亲把他搀着走进屋里，并端了一碗红豆粥给他。在那个年代，一碗红豆熬的粥是非常珍贵的。我们一直在观察着母亲的一言一行。自此，在我小小的心里种下善的种子，母亲让我明白了什么是助人为乐和慈悲为怀。母亲经常告诉我，看到穷人、需要帮助的人，要帮助他们，能帮助多少就帮助多少，尽我们最大的努力。

印象中最为深刻的是，在我刚上小学一年级的时候，母亲会隔三岔五地给我 3 分钱、2 分钱或者 5 分钱不等。那个年代的 5 分钱、3 分钱能做什么？能喝一碗馄饨汤！但是母亲说："不要去喝馄饨汤，你要做什么呢？你把这个钱拿去和同学们分享看小人书。""小人书"就是那种很小的连环画册，里面的内容非常精彩。那个时候，小人书也算是孩子们的奢侈品，因为大多数孩子买不起，只能租来看，3 分钱能看 20 本。母亲就给我几分钱，让我把所有的小朋友都带上，每人一本，一个也不能落。后来，对于这件事我本已经不太记得了，是一个同班同学见到我，说起这件事，才唤起这些珍贵的记忆。同学说："为啥今天你能当老板？一年级的时候一放学，我们就屁颠屁颠跟在你的屁股后面去看小人书了。"不知不觉中，母亲时不时给我钱，并教我学会分享，让我成了孩子王。这样教育的核心是什么？是让我把好事分享给大家，做到心中有别人，心中有爱。可以说，这是母亲给我的最无价的智慧和最具有价值的人格。

我与母亲合照

“百善孝为先”是母亲和我说得最多的一句关于孝道的话。当我们出现一丁点体现出不孝的言行时，母亲的第一句话就是：“娃哟，你不怕天打五雷轰的。”实际上，我是非常受益于这个孝道的。记得有一次去外地学习，当时有一个老师在演讲，有两三百位学员在场。演讲中途，老师问在座的学员：“你们当中有谁从小到大都没有和父母顶过一句话的？”我是第一个举手的，当时引得哄堂大笑，其实我以为所有人都是能举手的。老师说：“哦，原来才一两个人，这里在场的有两三百个企业家呢！”能做到这个事情，我没有觉得做得有多优秀，但确是深受母亲的教育影响。

父亲：谦虚好学、与人为善

还是六七岁的时候，父亲骑着自行车送我去幼儿园，我在车的大梁前面坐着，路上他和我说：“儿子啊，你永远不要说‘我知道了’。”我那会儿还不懂这句话的意思，但因为父亲不厌其烦地反复教导，便记住了。因为这不是说一句两句就会去实践的，就如母亲跟我说要把好事给大家，也不是说一说我就能做到的，这些都需要在实践中去落实和成长。

后来，我带领企业员工学习《论语》中的：“知之为知之，不知为不知，是知也。”我才有了顿悟，突然明白了父亲的教导。正如毛泽东所说，“谦虚使人进步，骄傲使人落后”，我的企业做到今天，虽然不是做得最大的，也不是做得最成功的，但我将企业做成了一个逐步能够为社会、为大众做一点应该做的，能够照顾社会大众的平台。正是父亲的教导，让我学会了谦虚，永不骄傲自满、故步自封，才能不断学习和进步。

“与人为善，吃亏是福”是父亲给我的另一句教导。父亲经常和我讲关于爷爷的故事。一说起爷爷，父亲就说，爷爷与人为善、能吃亏。在民国时期，爷爷家的成分比较高，是地主。爷爷从天津政法大学毕业以后出来闯荡，做了几年县长。在任职期间，老家的人对爷爷评价非常高。正如孟子所说：“人，有其路，有其惑，有其言，有其性。”举个小例子，曾经有个人在路上把爷爷撞了，但爷爷就说没事没事，让他走了。当时家里人是不知道的，后来奶奶发现爷爷被撞得腿上都是血，就责备爷爷："你也不说，是不是傻，一句话也没让人家说，就让人家走了。"

爷爷做了县长，其后转做律师，在那时候也算是一个大律师了。他说做律师可以帮助穷人、帮助老百姓。他经常帮助没有钱的穷苦人打官司，而且不收取报酬。受到爷爷的影响和教育，父亲养成刚正不阿的性格，做人做事特别正直，正直中又带着与人为善。在单位，父亲是一名税务干部，那时候这是个"油水很足"的职位，但是父亲从来没有收过一分钱。这些言传身教，对我来说都是最好的教育。

父母的开放式教育

1973 年初中毕业后，我在唐山老家上了一年的高中，正赶上"上山下乡"，就回到山西阳泉待了三年。接着又回到了城里，找了份电工的工作。电工也是父母从小培养我的兴趣之一。我从小就喜欢电，父母每个月给我一点零花钱，我也不乱花，就买一些关于无线电的书籍和零配件。上初中的时候，我就尝试自己组装一些收音机等电子产品，然后逐步学习。父亲非常支持我，总给我钱去买书，但书中内容非常艰深，学起来也很困难。那时候，我总共有 45 斤书，"文革"的时候都烧掉了。父母带来的书，在"文革"中也都没留下。因为非常喜欢电学，我学了几年后就开始尝试组装电视机。当时，家前后街坊邻居都没有电视机，而我已经自己动手组装了电视机。每到晚上，邻居都在院里围着我组装的电视机看电视。父母都为我感到高兴，我在心中也有一点成就感。也因为对无线电的兴趣和学习，我获得了工作上的新机会，当然，这是后话。

因为有电视机，一到放假我们家便成了附近孩子的"俱乐部"，把家里折腾得乱哟！但父母从来没说过我们。孩子们都是玩得很疯的，玩象棋、军旗各种棋类游戏。同时，我心里也时时刻刻都想着这群小朋友，成了"孩子王"。我时刻记得父亲教导的谦虚和谦让，能和大家融洽地在一块相处。

父母教育我，要全面发展，全方位学习。父亲让我学习无线电，母亲让我学习画画，学习各种各样的乐器，给我买了小提琴、笛子等。父母希望我多学多才多艺，父亲常对我说："你多学，不压身。"正所谓技多不压身。因此我在学无线电的时候，又在家里自学了各种乐器。父母认为，孩子生来就带有智慧，一个人的智慧是本自具足的，但得去引导和唤醒，因此，他们对我展开的也是开放式教育，总是引导我自己去学习，很少管教我，让我自己成长和绽放。后来在"下乡"的时候，我能够"拿起什么都会"，大队的广播（器材）可以修，老百姓的收音机、钟表、手表坏了我也能修，画了几幅水粉画还获得了当地第一名，这些都得益于父母对我从小的开放式教育。如果我们把孩子比喻为人参，人参是非常值钱的，但过度开发会把人参的须给破坏掉，本来很值钱的东西便也大打折扣，成了不值钱的，所以要让孩子自由地发展。

牢记家风，艰苦创业

1981 年"下乡"结束后，我回到家里参加了供销社的工作。记得刚到供销社的时候，正好进了一批广东金鹿牌黑白电视机，一卡车拉回来有 700 多台。当时电视机质量不高，剩下五六十台开不了机或者因为各种其他故障卖不出去，供销社也没有人会修理，就请我去修理。经理上下一打量我，这么一个瘦小的孩子哪里能干得了这个？他表示很怀疑。我说让我试试看吧。经理找人把坏的电视机搬到一个屋子里，一边抽烟一边看着我修，我一下午把几十台电视全部修好了，随后便被调去了修理部门。我到现在还清晰地记得，那时是 1981 年，至今过去整整 40 年了。

父亲一直教育我要踏实做事，我努力做得很优秀。我二十四五岁那年，被评上了优秀和先进，当时我非常重视和在乎这份荣誉，但是最后经理却没有把我的名字报上去。一问才得知，经理看到我修好这些物品，就想让我成立一个家电门市部去卖电器，但我没有听经理的话去落实，所以就没报我。第二年，经理又让我去家电门市部。其实，那会儿企业是供销社的一个单位，是卖花椒大料一类物品的，让我去家电门市部卖电器，这似乎行不通。我一想，如果还是不同意，今年又不让我当先进了，便同意了。

经理让我选上五六个人成立一个家电门市部，并给了3万块钱的经费。第一次创业，我们仅有几十平方米的路边小店，6个人，3万块钱。白天拉板车当装卸工、销售货物，晚上还要理货、维修家电，通宵达旦是家常便饭。我们一点一点从头开始学习，一人身兼数职。在当时计划经济时期，国家分配的家电供销社是没有资源的。我们在夹缝中生存，每进一台电器都要去求人，看别人眼色。我不甘心，为了开展业务，就积极外出寻求货源，上海、南京、深圳、广州、宁波、合肥、重庆……可以说，只要有家电生产和批发的地方就有我的足迹。记得有一次临近年关，我开着车昼夜兼程去广东拉货，一路上凉水都顾不上喝一口。在江西的路上，胃突然疼了起来，汗珠流进眼里，衣服都湿透了，实在坚持不下去了，只好停下车在路边乡村医生那里买了点药吃，之后又咬着牙关继续赶路。当时脑海里只有一个念头，一定要抓紧时间，不能让订了货的顾客过年没有电视看。于是，我一鼓作气赶路，终于在腊月二十八赶回阳泉。顾客按时满意地将货提走了，回家欢喜过新年，而我却住进了医院。我用真诚和守信赢得了客户的信赖，一步步与他们建立了稳定的业务关系。电视机、洗衣机、电风扇、音响，甚至是电冰箱，这些在当时紧俏的商品被源源不断地运到阳泉，大大缓解了供应压力。

当时供销社的单位又隶属于贸易公司，另外五个部门都先后有亏损。日子一天天过去，1985年的时候经理让我把这些部门兼并过来，逐步做大做强。到了1991年的时候，我的家电门市部在当地已经小有名气了。创业的过程中，我们锻炼了无坚不摧的力量，历练出一个团结一致、勇于战胜困难的六人团队。在那个年代，家电是最挣钱的，人人都想着去做这个事情，竞争又逐步激烈了。我就是靠着父亲的教育，时时告诫自己谦虚学习，才能在这样竞争激烈的环境中胜出。我永远都跟在别人后面学习他人的长处，原谅他人的短处。也正是因为这样，当时阳泉市有30多家卖电器的最后都倒了，就剩下我们这一家山西省民营企业，经受住了考验，一直发展到今天，成为全国百强企业。现在我们在省里开了连锁店，我起了名字，是围棋棋盘的中心位置——天元。早期我没学习传统文化，没学国学，但我知道天元是棋盘的中心，得天元者得天下。

修己安人，企业改制

公司是从 1982 年成立的，1991 年开始独立运行，到 2000 年，全国同行前前后后有许多家企业倒闭，其中既有制度的原因，也有市场经济发展的原因。哪怕当时我们作为国企，发展前景也依旧是步履艰难。那会儿，我们建了一座大楼，这座大楼都是按照上级对国企的要求建的，为此我们背了几千万元的债务。在我面前就两条路，一条路是等着企业倒闭；还有一条路，就是改制来涅槃重生。如果我们自己去改，是需要冒极大的风险和担极大的责任的，但我还是毅然选择了改！当时作为一家国有企业，我已经是供销社副社长的职务了，是当地当时最年轻的一个副社长。但我下定决心，牢记母亲的教导，“要把好事给大家”，辞掉这个职位。两百多人前后开了 17 次职工大会，领导班子不断给大家做改革的思想工作。我们深知，国家是要不断要求改革以推进企业经济的发展的，只有按照国家的要求完成改革体制才能生存，否则就面临着绝路。

因为我的真诚和决心，企业员工纷纷拿出真金白银来给我投出赞成票。2000 年的时候，能拿出 1 万块钱的万元户家庭很少。改制以后，我们真正成了规范的民营企业。这个时候，考虑更多人的发展和利益，帮助他人成功，我提出来“三百愿景”——培育百名经理人，培养百个百万富翁，打造百年老店。按照战略构思，我们把管理机制全部下放，成立了若干个公司，每个公司代表着一个品牌。我还以个人的名誉来给大家担保做贷款，这样每个公司启动资金都有了，大家就铆足干劲，从阳泉走到全省，再冲往华北市场。后来，我们不断沿着这条路走，逐渐把企业的精神定为“帮助人成功”：做好事给大家，帮助人成功，成功帮人赚钱成为百万富翁。在这个过程中，有人拿着我借给他们的 74 万元，在两年时间挣了百万不止。但人心终究难测，有的人我当时给了他们 300 多万元，他们拿了这钱再也没有回来，到现在 20 多年了，也没有给我。这时我就想到父亲和我说过，吃亏是福，于是我打消了起诉的念头。

记得有一次在青岛的分店，顾客买了洗衣机过几天找到商家说洗衣机的形状有问题。商店经理并不是很想给客户换新机，两人就吵了起来。顾客的嗓门比较大，经理不服气，越吵越厉害。经理已经40多岁了，当场脑梗躺在地上，最后被送到医院抢救。他老婆过了几天找到我，希望我把工资加奖金结算一下，因为他现在上不了班，以后的情况也不知道如何。结果一结账，经理挣了260万元。他老婆说："我拿160万元，剩下的100万元在天元，等他恢复后，再回来经营这个店。"直到今天快20年了，这个经理因为这一次脑梗一直说话说不清，无法正常走路，基本上人就是废的。这件事情给了我非常大的教育和启发，我让经理挣钱了，身体却没有了。

一路走来,父母教育我：书中自有黄金屋。所以工作以后我也一直在学习，积极参加国内的相关培训，希望通过学习从书中、从教师身上得到一些问题的答案，收获实实在在的文化。2004年，我去北大求学。我发现，我帮助人成功的价值观错误了。我只是给别人挣钱，而不会教别人正确挣钱。不能用命换钱。"放于利而行，多怨"，如果只给钱却没有教给他们正确的思想，反而会产生许多问题。《大学》里说："仁者以财发身，不仁者以身发财。"青岛的这个经理要是懂得这句话，当顾客发现产品有问题立马更换，这样问题解决了，身体也没毛病，才是最大的快乐。"国不以利为利，以义为利也"，圣贤在几千年前便告诉了我们这个道理，这就是财富的密码。学习传统文化后，我才真正明白我们每一个人都是要修身的，正如圣贤所说，修己安人。每一个员工要真正地懂得自己的修为，才能在岗位上焕发出生机。

家风传承，家教文化

回头看这一路的成长和自己受到的家教有着很大的关系：父母的嘱咐一直指引着我，影响我的价值观。特别是在学习传统文化之中找到了理论依据，更坚定信心去践行。有一句话说得好，父母是孩子最好的复印机，我还是要向我的父辈再努力学习，传承优秀的家教文化。

家风传承——祖孙三人

我有两个孩子，无论是女儿还是儿子都是一样的教育，教育他们如何做人做事，包括在德行上、行为上的教育，对善的引导，非常注重家风的教育传承。在公司里，我拥有最大的股份，但我早早告诉儿子，一分钱都不会给他，让他知道只有德行才是最大的财富。如果儿子有德行，我给钱他也不需要；如果没德行，给钱更没用。这是我推崇的一种教育方式。因此，儿子在澳大利亚留学两年，我只给了他学费，生活费一分都没有给他。他只能一边学习一边打工养活自己。有时候一天打两份工，打完这份又马不停蹄去下一个地方。我觉得需要这样去锻炼他，这对儿子以后的成长和自律的养成是非常有用的。

现在，我最看重的便是小孙子的教育。他今年 7 岁了，已经学会“永远不要说我知道”这句话。如果我问小孙子，你知道了吗？孩子刚开始下意识会回答知道了，但我细问下去，他马上就说：“我错了，我错了。我们今天有这样的幸福家庭，要感恩祖先和长辈。”

还有一次我小孙子过生日，生日过了第二天就和姑姑说：“姑姑你昨天怎么没有给我买礼物呢？”我一听到这话，就对小孙子说：“你说得对，你生日应该给你买礼物，但是你想一想啊，如果你把生日当成去帮助别人的契机，以后只要到了你的生日，就给姑姑、奶奶、妈妈和其他亲戚等每人准备一个小礼物。但是不要用金钱去买，你可以画一幅画，做一个手工，写字说‘我爱你’，等等。你看你将是一个什么样的状态。”他听了后，就去给姑姑写了一些字，祝姑姑学业有成，给妈妈写了个“我爱你”，给爸爸画了一幅画。那一天，我们全家都很快乐，小孙子也十分快乐，因为他给周围的人带去了快乐。

现在，我的小孙子都知道家风家教了，这种影响不仅体现在家里，还带去了学校。刚上一、二年级，就给他的同学说家风家教。前段时间，我带着小孙子参加了北京的家风大会。在大会上，我说这是一种教育，是一种学习，更是一种传承。我的小孙子毫不怯场，还与大家招手。晚上在宾馆，小孙子说他要写书，写一本有关家风传承的书籍，当时我就用手机记录下了这珍贵的一幕。当天晚上，他就在寻找资料，在笔记本上郑重其事地写下题目：家风的传承。这件事，足以体现出家庭教育的影响是非常重要的。

家风传承，成就企业

圣贤早就告诉我们，“君子务本，本立而道生”。时代会不断进步，商业环境也会不断更新，不变的唯有文化之根本，这也是一个企业走向成熟，经营永续的本质。父母给我的教育和影响，我想一代代地传承下去。我不仅把家庭营造成和谐美丽的优秀家庭，同时还坚定不移地把企业当成一个学校来做，不断对好的德行进行传承。在天元，企业是家、是学校，本质是教育，德善品质是人生第一大战略！在生命成长中，心灵品质的建设是人生的第一大战略。我认真学习国学，探寻中国传统文化，找到了想要的东西，是中国人需要的东西，乃至全人类需要的。在 2004 年的时候，我决定把国学融入企业中，我想要做的教育工作是帮助人成功，并且把圣贤文化和仁爱思想传播到周围，造福社会。

我与母亲在公益道德论坛

孟子曰："诚者，天之道也；思诚者，人之道也。"诚信是自然的规律，而真诚是做人的规律，真实是万物存在的基础。因此在教育中，我非常看重"真诚"这个重要的元素。正所谓"人法地，地法天，天法道，道法自然"。人在天地间生存发展，要顺应天地之道和自然法则，做到足够真诚。当然，我们每一个人"本自具足"，拥有爱是每一个人的本性，只不过是有的人多，有的人少。其实这是一种修为，也是一种惯性。我也不断告诫自己，就像《大学》说的："大学之道，在明明德，在亲民，在止于至善。"我们先唤醒明德的自己，才能有光明去找别人，将企业做成亲民的企业，并不断地把明德放大给员工，进而放大到顾客、社会、环境，甚至是全人类命运共同体。就像母亲经常教育我的：要把好事给大家。我们不能只是为了自己，不给别人好处。当我给别人爱和快乐，而自己无所求的时候，我一定是快乐的、幸福的。正如天元的企业文化落地，首先是懂得感恩和恭敬。领导会向员工鞠躬感恩，员工会向顾客鞠躬感恩，工人会向机器设备鞠躬，厨师会向锅碗瓢盆鞠躬。鞠躬，鞠下的是身体，但升起的是恭敬。

但是问题又来了，当给别人爱的时候，我就会想：他爱我吗？可是母亲说过，一念佛，一念魔。如果一直在纠结这些，我就会变得烦恼。所以，我教育员工要把自己当成爱，而不是拼命去找爱，用“小家长八心文化”，重新定义企业管理。这“八心”是信任之心、平常之心、利他之心、正直之心、向善之心、担当之心、为师之心、谦德之心。每天以真诚心自问自省：你爱吗？你真的爱吗？你真的真的爱吗？一定要努力地去爱每一个家人，努力地爱每一份工作，用爱心形成创新的源泉，才能把工作搞好。天元人每天上班都要诵读，在诵读里最关键的一句是：我的工作就是帮助人成功。这样一来，企业员工没有抱怨自己的工作，而是都以主人公的姿态去帮助他人，由“让我做”变为“我要做”。不仅改善了工作态度，企业的凝聚力也有了，中层干部可以明显感觉到，管理轻松和简单起来。在天元，我听到最多的话就是：我愿意。

通过立家规、树家风、传家训等一系列建立家文化的行动，我们帮助企业员工精学国学，崇尚知识，传承礼仪，道德做人，谦虚守法，勇担责任，忠诚顾客，从而回报社会。从天元开始学习国学到今天，天元人获得了员工精神，收获了成长的生命，唤醒了爱，对生命有了更高的觉醒，懂得呈现出生命的庄严和价值。天元的家训就是“以谦修身、以德立世、以善助人、行有不得、反求诸己”。其中，“反求诸己”是最重要的一条，凡事向内求。当企业经营出现问题时，人人都先找自己的原因，遇事不慌不抱怨，整个团队就和谐了。今天的时代，团队和企业发展不再是个人英雄主义，而是团队的共同善业。我们把这样的企业文化呈现给员工，让大家共学共修的时候，便成就了员工的善心、善念、善行。对每一个员工进行这种善的引导，去唤醒他的爱和善，让员工拥有更大的爱国志向，爱环境的志向，爱社会的志向，爱大众的志向，又成了共同的志业，这就是志向。我们把员工的工作职业变成事业、志业，最后就是道路中的一种道业。当企业以文化来养人，员工感受到的是心安，它的核心是人文关怀、人文教育：要关怀人的成长，心灵品质的成长。这就叫生命的成长，可以培养员工家国天下的胸怀，格局逐渐变大，进而也成就了企业。

文化激生动力，承担社会责任

人生的幸福不应该仅仅是个人的，而应该是大家的，所以我就提出“四代”的理念：以实现员工幸福为第一目标，关爱员工“四代”：学习圣贤富脑“袋”，努力工作富口“袋”，孝敬老人关爱上一“代”，德善传承关怀下一“代”。我要培养员工做到“百善孝为先”，教会员工的孩子要懂得孝道家风的传承，学圣贤。天元增设了“孝亲假”和“孝亲礼金”（父母公婆岳父母生日，员工可带薪休假），提炼出天元人自己的“二十四孝”。连续13年评选“天元好媳妇”，树立孝老爱亲的榜样，先后有300多名女员工获评。天元的口碑也从以前的“买电器到天元”变成了今天的“找好媳妇到天元”。比如，我们有个年轻女员工，婚后婆婆给她钱、帮她干家务，她觉得这一切都是应该的，不以为意。但是，她参加“天元好媳妇先进事迹”座谈会后，思想有了根本转变，不仅流着眼泪感谢婆婆，还买了洗脚盆，回家主动给婆婆洗脚。她婆婆特意来到天元，感谢我，并说：“天元不仅生意做得好，还是一所育人的好学校。”

企业在2000年转型的时候就提出，要做一个值得信赖的企业和值得托付的人。天元集团的慈善公益之心，同样赢得了社会的赞誉。帮助孤寡老人、一对一精准扶贫等爱心行为，是天元集团对社会责任的担当。今天，每一个天元人都可以自豪地说：我是受社会尊敬的，我是值得托付的人，我在的这个企业是值得托付的企业。天元人“同心、同德、同行”，定会实现百年幸福企业的美好愿景。

突如其来的新冠肺炎疫情，也给企业带来了巨大困难和考验。天元想到更多的消费者的需求、全国厂家的压力、社会生产生活秩序的恢复。因此，天元倡导全国139家知名家电品牌厂家，以“抗疫情、促复工、稳经济、担责任”为主题，开展家电百亿补贴惠民活动，受到了全国厂家的热烈响应。疫情之下，我们想的不是自己，而是想着全国的家电生产厂家和消费者、企业的社会责任。这就是有多大的爱，就能做多大的事。活动期间，我们看到很多市民没戴口罩，或者戴旧口罩。销售团队马上开会决定要不计成本，先做公益，为没口罩的人发放口罩。就这样一个善念善举，我们在疫情期间的销售比去年同期增加了30%，而且是线下销售的递增，这在全国也是少有的。其实我们知道，这样的销售额正是天元人十几年持续坚持践行文化、道德积累的结果。

我们的企业选择从事这个产业，就必须学习文化，了解人和宇宙天地都是一体，需要保护环境。2009年，我在清华大学环境学院进行专业学习时去往广东考察。当时看到汕头市贵屿镇的手工作坊，为了追求高利润，拆解废家电，用炭火炉焚烧，用多年前的工艺处理垃圾，对大气、河流、土壤造成了毁灭性污染。这时我才感悟到，天元还没有完成社会责任：对废旧家电进行绿色无害化处理，变废为宝，保护环境，才是天元人应尽的社会责任。于是，我提出天元要走以绿色循环产业为核心的转型发展道路。只有这样，才能真正做到企业和社会的和谐，企业和自然的和谐，企业和企业的和谐，企业和人的和谐，人与环境的和谐，真正收获“五和”：内心和悦、家庭和美、人我和心、企业和合、社会和谐。

天元构建了企业这个家庭，在道德层面上对每一个员工进行精神的提升，因为我觉得一分爱心、一分智慧、一分慈悲、一分自觉、一分道业，胜过十分的管理。企业用家用文化唤醒员工固有的明德，以中华优秀传统文化为基石，凝聚精神力量，激发内生动力。大家的仁爱、激情、创新、拼搏、担当、奉献，驱动企业的发展。这样不仅是收获了精神和个人的幸福，也收获了整个社会的祥和，这就是文化有魅力的地方。

结语

无论是我个人还是企业，能够取得今天这样的成绩，我要感谢党，感谢家庭，感谢父母对我一路的指引和教导。在目前取得的成绩和荣誉基础上，我深知前方还有很长的路要走，我将继续坚持传承家风，共建社会良好风气和文化，在“奉献、责任、担当、助人”精神指引下行稳致远。

第二章　好家风是指引人生的明灯

金徽口述，高雅撰稿

金徽，山东省新泰市人，山东儒源文化集团创始人，孔子礼仪文化学校校长。曾荣获全国三八红旗手、“2014中国文化产业年度人物”“博鳌儒商杰出人物”，是齐鲁文化之星、运河文化名家、济宁市人大代表、济宁市劳动模范。她以传道、授业、解惑为己任，致力于传统文化的传承和推广，是一位传统文化的弘扬者、躬行者，是一位长善救失、启迪灵魂的教育学者。

我出生在山东的一个回族农民家庭，家中有慈爱的祖父母、勤劳善良的父母、和睦相亲的兄妹五人。很小的时候，家里稍穷一点，但我的父母在农活之余会做点买卖牛羊的小生意，还会收购一些地瓜干、玉米去交易，慢慢地家里生活就富足了一些，所以我的成长相比父辈来说没有受到多少穷苦的磨难，但回顾过去的成长历程，让我们兄妹五人都能够成人成才的基础不是家里的物质条件，而是在于优秀的家风。这个家风体现在家中长辈的日常生活中，体现在对我们后辈的谆谆叮咛中。概括来说，我们家的家风就是“以孝为先，以礼传家；学识明理，尊师重道；与人为善，诚信正直”，在我的人生遭遇挫折和低谷时，家风就像一盏永不熄灭的明灯映照着前方，引领我走出黑暗，这盏灯又给了我无限温暖，让我汲取了无限的力量，因此我非常愿意将我家的家风故事分享出来。

金徽家庭合影

家风理念：以孝为先，以礼传家；学识明理，尊师重道；与人为善，诚信正直。

以孝为先，以礼传家

我们家也是一个回族的大家庭，我的大祖母没有生育，她嫁过来时我的亲爷爷才8岁，可以说长嫂如母，把整个家庭和小叔子都照顾得非常好，我亲爷爷和奶奶生下我父亲后就将他过继给了我的大祖父母，这可能是我们家比较特殊的一点，而且我们和两对祖父母的关系都非常亲密。我们的亲祖母从小就呵护着我们，虽然我父亲从血缘上来说不是大祖母亲生的，但她对我们这一家人的付出真的非常多，所以我们对大祖母的感情是非常深的。而对于大祖母，我们也是像祖母一样去对待的，我们兄妹小时候和我大祖母相处的时间特别多，那时我们冬天的夜晚经常在油灯下看书写字，大祖母就会在旁边干一些农活陪着我们，还给我们生了温暖的炉子。直到现在我一想到那个场景，就觉得非常温馨，顿时涌上来幸福安宁的感觉。我大祖母是2019年农历八月十九去世的，她走的时候是100周岁，我的亲祖母现在还健在，已经95岁了，家中的老人之所以能够这么长寿，和家庭环境是有直接关系的。我父母都非常孝顺，要说我们家这个家风是什么，我想就是特别强调孝，我父母永远把孝放在最前面。百善孝为先，比如我们山东人建的房子都有几间叫正屋或堂屋，我们家一共有四间正屋，那其中最大最舒服的三间一定是给祖父母住的，我的父母就住在旁边较小的一间，而小辈则住旁边的西屋。小时候每天我都会看到我的爸爸妈妈早上起来第一件事就是去爷爷奶奶屋里问安，关心老人家晚上睡得好不好，然后他们还会把祖父母的便盆端出来清洗干净，再把洗手盆端进去，并且会给老人家泡好茶，因为祖父母早上爱喝茶。祖父母的身体健康也是我父母心中最重要的事情，有一年我大祖母急性阑尾炎非常危险，因为受限于当地的医疗条件，我的父亲半夜用独轮车推着我大祖母走了几十里崎岖的山路到另外一个镇上去看病，也幸亏是我的父亲及时地送我大祖母做了手术，大祖母恢复了健康。可以说，不管是小时候家里条件比较拮据还是后面家庭条件改善后，我们家始终没有把“孝”这样的一个本色忘掉，并且条件好了还会对父母做得更好。这些都是我们小时候生活中常看到的，父母从没要求我们去背《弟子规》，也没有耳提面命地要求我们将来长大了要如何去孝敬父母，只是每天用这样的行为让我们知道应该如何对待父母长辈，所以我们长大后就非常自觉地去替父母做一些力所能及的活，下地干活、拔草、放羊等都是我们几兄妹以前会做的。

作为孔孟之乡的山东，礼仪文化是非常浓厚的，虽然我们家是回族家庭，但因为我们村子在文化融合和民族团结方面做得非常好，我的父亲也有很多的汉族朋友，所以我的祖辈和父辈都受到了中华传统文化尤其是儒家文化的影响，因此我们家不仅重“孝”道，也重以“礼”传家。我们家的规矩还是比较多的，比如说祖父母都健在的时候，我们小孩子是不可以和老人一起上桌吃饭的，要先让老人吃，好吃的饭菜一定是第一时间端到老人面前，等着老人吃好了，剩下的小孩再吃；而且吃饭时不能发出声音，拿筷子要用正确的方式，即便在家里也必须坐有坐相、站有站相；还有在当时的农村住的房子都不会太高，父亲就时常告诫我们在别人家窗子底下说话不能太大声，会影响人家休息。我爷爷还要求我作为一个女孩子要笑不露齿，而我的大祖母则用实际行动让我们知道什么是一个女孩子该遵守的礼仪。在我们村子里我的大祖母不管谁谈起来都是赞不绝口的，她永远都会把自己收拾得特别整洁，也不允许我们脏兮兮的出去。她手工活做得特别好，我们小时候穿的衣服都是我这个祖母做的。在我印象中大祖母永远会把头发梳得干干净净盘起一个髻来，夏天会穿一个斜大襟的白色上衣，配上青色的裤子，拿着蒲扇，一想起来就让我心静气宁，这些是我们家庭内部生活上的礼仪。在家庭对外交往上我父亲同样要求我们以礼待人，对村子里边的长辈要敬重，我们逢年过节都要到宗族的长者家里边去跪拜。还有我父亲从来都是拿了别人一斤米要还回去十斤米的人，并且对待别人曾经给予的帮助他一辈子都铭记在心。曾经我父亲在外出时吃了不合适的食物，上吐下泻，得了非常严重的急性肠炎，当地有人把他给救了下来，从那以后我父亲每一年逢年过节都要去看望恩人，并且也经常邀请他到我们家来做客，现在两家的关系非常好，像亲人一样。

我的父母也会反复告诉我们：滴水之恩当涌泉相报啊，何况是救命之恩。我父亲更是永远都说：自己吃了不算什么，但是如果你把这些好的东西都分享给别人，进而能够帮助到别人，这是非常令人开心的。所以我们兄妹几个甚至包括我的儿子都受到影响，就是懂得感恩并且喜欢分享，也可以说家里长辈把“礼”注入我们生活的点点滴滴，塑造并影响了我们，我现在致力于传播中华礼仪其实根源也在这儿。

与奶奶合影

学识明理，尊师重道

我父亲出生于 1945 年，那个时候大多数人的家境都不富裕，很多小孩都上不起学，但是我的大祖父母对我的父亲一直都是视如己出，悉心栽培我的父亲，省吃俭用供他上学。我的家乡在山东省泰安，但处在泰安、济宁、临沂三个地区的交界处，离济宁的泗水就比较近，所以我的父亲就读于泗水的一所学校。他很勤奋好学，学习成绩也很好，但是因为家境实在供不起了，所以父亲差不多就读到类似现在的初中这样就辍学了。那个时候他的班主任还非常惋惜，多次上家里去劝说，希望他能够去读书，但父亲考虑到大祖父身体不太好，他作为长子需要去承担起家庭的责任。虽然他没有完整地把学业读下来，但是他一直保留着读书的习惯，保留着对知识的渴求和兴趣。我小时候的印象中，我父亲小小的卧室里的书桌上面摆的都是书，并且在家庭条件稍好一点后，他还会订一些报纸刊物。在父亲的影响下，我也很喜欢读书，我现在还记得 8 岁时读的第一本书《白马将军》，写的是叶挺将军的故事。然后我父亲也经常给我们讲故事、讲典故，阅读的习惯他也保持到现在，他还会把报刊上一些好的文章剪下来，贴上剪报本，他还把一个贴得满满的剪报本送给我，甚至突然间看到书上一段特别好的话，父亲就会赶紧给我电话来交流这段话他理解的什么意思，然后让我再去学习。我父亲在上有老下有五个孩子的情况下，努力使我们兄妹都完成了学业，这是非常不容易的，尤其是我们是少数民族，早就习惯了女孩子要早早嫁人，女孩子不需要读太多书，但我的父亲只要我们想读，不管想什么办法都要供养我们去上学。尤其是我妹妹当时喜欢唱歌，想去学音乐，而艺术类的学校费用不菲，学费要两千多块钱，在 20 世纪 90 年代这是一笔巨款，相当于全家一年种地的收入，我父亲虽然一开始并不同意，但在我的劝说下，又看到妹妹强烈的求学志向，最后咬牙把这个钱拿出来让我妹妹上了这个学校。后面父亲回想起来还是觉得这个决定是正确的，虽然暂时困难一点，但是每一个子女都去了想去的学校，没有因为钱的问题而中断学业。我们兄妹五个也没有辜负父亲的付出，我班上几十个孩子，考出来的女孩就我一个，现在在弘扬中华优秀传统文化方面也算略有成就。我的大哥在区府工作，我的二哥在我们市人大工作，我的姐姐在泰安工作，我的妹妹在一个钢厂工作，都能够自食其力，然后靠着自己的努力再去回报父母，回报家庭，回报社会，而这都离不开父母在我们教育上的投入与引导。

在我们的教育问题上虽然父亲付出了很多，但是他从来不会要求我们必须做到一个什么成就，他唯一严格要求我们的就是要尊师重道。我父亲曾经也是当过老师的，在我们村里办的扫盲班任教过。并且因为他在他的学生时代受过好老师的恩惠，他的班主任对他特别好，所以他就对我们说：你们上学的时候一定要对老师恭敬，不要去说老师的坏话。我上初中时有一次因为不尊重老师让父亲非常生气。那时候我不太喜欢数学，题也做得马虎，就被数学老师给批评了，而我也很不服气当面与老师发生了争执，后来我父亲知道后非常生气，虽然他从来不会动手打小孩，但那次他非常严厉地让我跪下来反省，但我也没意识到自己的错误，就倔强地跪着也不道歉，我父亲也非常坚持地说：如果你不认为自己有问题拒不道歉的话，你可以一直跪。其实我后来才理解我父亲就是想用这种方式让我记住，要尊重老师，作为学生不可以在课堂上与老师当面发生争执。那一次给我的教训是挺大的，我的膝盖到最后真的是跪破了，从那以后我对老师的态度就端正了很多，哪怕只听过一堂课的老师我都特别恭敬。在初中的时候，我遇到了特别好的老师，比如语文老师让我更加喜欢学语文，作文的功力也突飞猛进；然后我和初中的历史老师到现在都保持着联系，这位历史老师课讲得非常好，情绪饱满，言之有物，还有一颗赤忱的爱国之心，上他的课能让我们热血沸腾，并树立起将来好好报效祖国的志向。经师易得，人师难求，遇见能让自己受益一生的好老师其实是一个双向作用的结果，正是因为我的父亲教会了我要怎么去尊重老师，所以我才能以一个正确的态度去面对老师的批评，以一个欣赏的角度来感受老师的优点和魅力，进而让自己得到更大的进步，和老师建立起更良性的互动，所以现在我在讲授传统文化时也尤为强调这一点，也会告诉我的孩子、我的学生如何去尊重老师。其实我现在走上讲授传统文化的道路，也是缘于父亲当时坚持让我去考师范，我的从教道路其实是从成为幼儿园老师开始的，我父亲认为当什么老师都不如幼儿园老师重要，因为幼儿园是一个人启蒙和成长非常重要的阶段，他就希望我能当一位让学生终身受益的好老师。

与人为善，诚信正直

我父亲在村里的名声很好，也为村里做过许多实事。他曾经在村里做过会计的工作，后来成为村主任，并且连续六届都是区政协委员，村里的人信服他，组织上相信他，就是因为我父亲本着一颗善良的心想方设法地去帮助别人，并且做人做事诚信正直，从不会人前人后两副面孔。我父亲从来不会因为畏惧权贵而去做违心的事，如果村子里发生了分配不公平的事，他总是会挺身而出，所有的事都会秉公处理，有的村民有时会提点小礼物上门感谢他，但我父亲从来都不会收。对子女他也是如此要求，尤其是对我哥哥，因为他也是公职人员，所以我父亲对他会要求得更多一些，反复叮嘱："要诚信，吃着公家的饭，拿着共产党的工资就一定要对得起你这份工资，不可以多拿一分不属于你的钱，要多为人民办实事。"

而这个优秀的家风从我们大祖父母开始，一脉相承到我们兄妹几个身上。像我的大祖母从来不会拒绝上门来求助的有困难的人家，看到乞讨的人会马上拿吃的或是钱或是自家的衣服送给他，并且从来不会背地里说东家长西家短，所以在大祖母去世的时候全村 1000 多人都去送她。虽然我们家并没有写成文的家风，主要是靠长辈的言传身教，但他们做人做事我们从小看到大，耳濡目染，所以我们兄妹几个人性格都比较善良、开朗、正直。现在我们兄妹五人都受到良好家风的影响，都在不同的工作岗位上造福社会。

家风指引：职业抉择的指南针，人生方向的引路灯

一、好家风为我播下优秀传统文化的种子

我深深地觉得父母不仅是孩子的第一位老师，还是一辈子的老师。我家的家风不仅塑造了我基本的人格和价值观，还对我的职业选择也产生了积极的影响。我从一名幼儿园老师转变为弘扬中华优秀传统文化的老师其实根源就在我的家风。我的父母并没有受过正规传统文化的培育，但是传统文化里提倡的"孝、礼、仁、义、信"都能在我父母身上看到，他们也非常重视对子女的传统文化教育，经常用孔夫子的话教育引导我们，例如"三人行，必有我师焉"，还有《三字经》中的"子不教，父之过"等，并且爱给我们讲

圣贤故事，我记忆最深刻的莫过于孟母三迁的故事。而再往上追溯，我们家的祖辈也是这样去规范自己的言行，这些不成文的传承就形成了我家的家风，并影响着我们每一位后代，让我们从小就受传统文化的熏陶，对优秀的中华传统文化有了一种内心上真正的认同和向往，并努力让自己的言行都以此为标准。对于我来说，“不学礼，无以立”就成了我的信条，尤其当看到人们追逐金钱名利而忽视了做人的基本礼仪道德规范，把不拘礼仪看成“潇洒”，把穿奇装异服、口讲粗话看成“有个性”，甚至坐没坐相，站没站相，穿着邋遢，任意所为，见尊长不打招呼，麻烦了别人连句感谢话也不说，身心没有修养等不良现象，我深觉只有用传统文化特别是礼仪文化去教育感染人们做有礼仪有道德的人，逐步改变人们的不良习惯，才能使社会更加和谐。

1995 年过春节的时候我在新华书店看到了一本礼仪的书，被里边的内容吸引了。里边写着这位作者在北京的礼仪学校当老师，我当时第一次知道有礼仪学校，看了书后觉得要是人人都按照那个书里边去做，一言一行、一举一动、待人接物把中华五千年礼仪之邦的文化展现出来，那这个社会实在是太美好、太文明了。我就回去查了这所学校的电话号码打过去了解了情况，当时这所学校的负责人告诉我 4 月下旬到 5 月有一个礼仪示范班要开班，我就有非常强烈的愿望想去这个班学习，但学费在当时来说非常昂贵，需要交 3800 块钱，而我那时候工资还不到 100 块，并且学习期间的食宿费用都要自己负责。虽然预算远超自己当时的收入，但对于这样的一次学习我特别渴望，也恰好是这一次渴望改变了我人生的轨迹。在那之前我从没有去过外面的城市，北京更是遥不可及的，于是我就找朋友借了 2000 块钱再加上自己平时的积蓄，坐上了长途汽车。第一站是到了大兴，我在朋友哥哥的公司干点小杂活一个月挣几百块钱来攒学费，待了大概有两个月的时间，一直等到那个学校开学，我报到后才发现 35 个人里我是唯一自费的，这也激发了我极大的学习动力，上课时不敢错过任何老师讲授的知识。那真的给我打开了一扇新世界的窗户，像金正昆这样的名师都去讲过课，一共学习了 38 天的时间，最后结业的时候我是全班第一名，学习完后我就有了人生真正的梦想，那就是回孔子的故里济宁办一所礼仪学校，于是我先回到济宁的一所学校当了礼仪老师，积累经验中不断提高自己的专业水平，直到七年后的 2002 年 3 月 22 日，当课程、资金、人脉、时机终于成熟，我在山东济宁的一个商务楼租了一整层，招聘了 20 多位员工，才把“大禹礼仪学校”挂牌成立起来。

二、传播优秀传统文化的艰辛探索

在礼仪学校成立之初很多人不看好甚至是嘲笑我，因为没有人看过一个地级城市办礼仪学校，当时更多的是烹饪学校、电脑学校这些传授谋生技能的学校，而礼仪不是技能，它属于文化层面上的一个修养，在不被看好的情况下我还是坚持自己完成自己的梦想。办学之初，我和员工都热情高涨，兴高采烈地进街道社区发广告、做宣传，并开始去超市、酒店给那里的员工培训服务礼仪，但微薄的收入难以维持办学梦，无法实现我传播传统文化的理想。由于亏损，学校维持了不到两年，2004 年被迫搬到了一个破旧廉价的“新”地方。在沉重的经济压力下，之后的办学变得越来越难，学校又陆续辗转了多个地点。由于没有扎实的创新和营销队伍，身边的员工也对未来失去信心。从最初自信满满的 20 多人“梦之队”，逐步下降到了十几个人、四五个人，最后身边只留下了一个人，我的事业跌入低谷。

而随后我家庭遇到的一个事情更让我消沉了很久。2005 年我第一个小孩 6 岁的时候生病夭折了，我当时想不通为什么我的人生这么悲苦，连做母亲的资格都没有，旁人的劝解也化解不了我内心的痛苦，直到我父亲告诉我多去学习中国老祖宗留下的一些知识，比如《论语》《大学》《中庸》《孟子》《易经》《道德经》等，在传统文化里找答案。我按照父亲的指引去看书、去学习，在这个过程中我不仅顿悟了讲礼仪不能脱离中华优秀传统文化，单纯的礼仪教育思想性不足，要礼仪教育与中华优秀传统文化相结合，把五千年中华优秀传统文化作为主要课程体系，把礼仪教育融入其中，生活礼仪、服务礼仪、社交礼仪这些都是外在的表象行为，而真正的内生性是必须根植于中华传统文化；并且在这个过程中我更开始彻底地去思考到底为什么活着、我生来应该有一个什么样的人生、如何体现人生价值、为什么人的命运是不同的。因此算是开始了我人生的又一个梦想——学习并弘扬中华优秀传统文化，我一边学一边悟，一边去实践，不再简单地从自我出发而更多地反思我为这个社会应该奉献什么，到底应该如何经营一个家庭。慢慢地我从痛苦中走出来，我的父亲也不断告诉我应该怎样去面对这个困难，当时他给我一个笔记本上面写了两句话：人到盛时须静心，境当逆处要从容。这两句话对我影响很大，越在盛时，其实人越需要低调，越需要谦卑，越需要去好好地思考，你为什么那么顺利，是不是会一直这么顺利下去；到了逆处，你要从容地去对待，你要坦然地去接受，困难总是会过去的。

于是我开始了二次创业的全国考察，北到赤峰，南到南宁，西到太原，东到上海，再到深圳，去广州……学习考察了十多个传统文化教育学校和组织，学习从事传统文化教育的先行者，了解人家是怎么干的、怎么做的、国学怎么弘扬的，我关于传统文化的办学思路逐渐成熟，逐步完善，并将“大禹礼仪学校”更名为“孔子礼仪文化学校”，将中华优秀传统文化教育注入教学课程之中。从这以后我就真正走上了一条弘扬传统文化的路，越走这条路越宽，越学心里越亮堂，我现在真正明白我给别人讲课不是讲什么知识，不需要我的学员去死记硬背，而是用生命去唤醒别人的生命，让大家真正地来了解自己的生命状态。我不敢说这一路上我帮助了多少人，但最起码我去备每一堂课，在讲每一堂课的时候，我先让自己的心灵受到了一次洗礼，让自己先得到了成长，也让自己离真正的老师更近了一步，真正的老师应该是知行合一的人，然后传道授业解惑。我这所礼仪学校办学至今已经 19 年了，这一路走过来虽然有困难、有挫折，幸运的是我能够真正地通过父母，尤其我父亲的引导去热爱传统文化，学习传统文化，并且去传播传统文化；又因为传播传统文化，我又获得了自己人生的幸福，我自己现在每一天都觉得活得特别开心，原来夫妻关系也不是那么好，我比较强势，也不太知道怎么做妻子，但通过学习了以后，不会再去看另一半的问题，反而是看自己的问题更多，然后自己就慢慢开始改变说话的方式，多包容和理解，所以当你自己改变的时候，别人其实变得可能比你还好。而且真的用心去弘扬传统文化，更多地去利他，你就会发现有很多的朋友愿意过来帮助你，当你心存善念的时候，上天都会给予你更多，所以我现在除了有一个儿子，还有一个8岁的女儿，还被评为全国三八红旗手，我只是在做好我自己该做的事情，做好每一个生活赋予的角色，无论是管理者、老师，还是妻子、儿媳、女儿，在每一个角色中都尽力奉献自己，同时让自己不断地成长，让更优秀的自己对社会和国家做更多的好事，实现人生的价值，最后会收获到自己意想不到的成果。而且学习传统文化还有一个好处就是会让人的格局变大，比如我现在就时常警醒自己：你做那么一点事情，国家政府都给你那么多荣誉，你有什么理由不去做得更好？包括我的父亲也和我说：不要把总书记接见这件事简单地看成一个荣耀，同时更要看到自己肩上的担子更重了，你应该要对得起总书记的接见和对你的嘱托，要更多地去思考如何更好地弘扬中华优秀传统文化。所以我以后只会促使着自己不断地向前去努力，不敢有丝毫的懈怠。

我婆家家庭合影

与先生合影

一家四口

三、在弘扬传统文化中传承好家风

我以后的工作目标就是要让传统文化进入每一个家庭，虽然要达到这个目标有一定的难度，但这项工作意义非常大。现在的家庭非常需要结合中华优秀传统文化来形成良好家风，对于家庭的长辈而言，详细了解中华优秀传统文化，进而提炼出适合自己家的元素，家中的长辈先以身作则在生活中践行，一代代传承下来慢慢地就形成了自己家的家风，这其实是留给后辈非常宝贵的财富。现在有很多人觉得传统文化离普通人太遥远了，但其实传统文化和普通家庭从久远来说原本就是不可分割的，几百上千年前我们没有幼儿园，也没有九年制义务教育，很多教育阶段其实都是在家庭里完成的，所以我们现在学习的优秀传统文化里的很多内容都是过去优秀的家庭凝练出来的家风。尤其我现在从事这方面的工作，在此基础上再去回顾自己的成长经历，不断深入地学习传统文化。我自己就有非常深刻的感受：其实我们中华民族优秀传统文化里边很多就是过去优秀的大家庭总结的经验，并且是经过了几百上千年的大浪淘沙沉淀下来的精华，都是经过了长期历史考验的真理。一个家族能够绵延不息，得到长久的传承，绝对不是指家族的物质财富或地位能永葆下去，而是指家族的精神财富也就是家风能永远地传承下去，让后世的子孙有安身立命最根本的东西，这样的精神财富不仅是后世子孙之幸，更是整个民族都值得学习的,像我们现在看的《孔子家语》《训俭示康》《与侄书》《颜氏家训》《曾国藩家书》就是这类宝贵的财富，并且里面有很多东西就是我们中华民族的优秀传统文化。所以我也和我父亲谈过，让他找时间把我们家里的优秀家风以文字的形式整理下来，我们兄妹几个都从这个家风中获益良多，也希望我们的后代能把这个精神财富传承下去。

让传统文化进入每一个家庭的另一个意义也是相对孩子而言的。孩子就像是个空杯子，你往里装的是白水，这就是一杯纯净水的杯子，你往里边装墨汁，他就是装墨汁的杯子，也就是说一个家庭决定了一个小孩未来成长的样子。尤其是在孩子小的时候，家庭对孩子的影响实在是太大了，父母有什么样的信念和行为，最终都会通过孩子折射出来，潜移默化地在影响孩子。所以我非常赞同国家现在推行“双减”，这给孩子减负的同时也能让家长拿出更多的时间来真正关注和陪伴孩子的成长，思考自己的言行和家庭氛围。现在很多社会事件都表明其实不是孩子需要培训，而是做父母的需要培训，很多人不明白婚姻意味着什么，双方需要如何付出和包容；带一个孩子来世上需要承担什么样的责任，如果这些基础的都不懂，谈何建设一个好的家庭，哪里来的优良家风？如果把源头这一关做好了，父母都知道怎么做好父母的角色，都积极、正面、向上，那孩子一定会是个很健康阳光的好孩子。所以我现在做的很大的一部分工作都是结合中华优秀传统文化去研究家庭怎么教育孩子，家长怎么以身作则给孩子做好榜样，也会把过去一些做得好的大家族的家规家训家风去分享给很多的家庭，所以家长听了以后也觉得非常受益，这是非常有意义的一件事情。从 2010 年 3 月起，我在济宁市关工委的领导协调下，进入济宁市百所中小学校，开展百场“家庭公益报告会”。117 场家庭报告会后，《教子之道》系列课题在济宁各个基础教育学校的家长群体中广为传开。其实我们常说“家和万事兴”，意思还说明了家庭好了，整个社会乃至整个民族国家才会好，因为社会国家都是由一个个家庭细胞组成的，只有每个家庭的风气好了，社会的风气才会特别好。

随着家庭教育报告会、国学夏令营的不断开展，学校从济宁 1500 平方米的教育场所逐步扩大到曲阜占地 45 亩、3 万多建筑面积的独立校园，成立山东儒源文化集团。我对青少年传统文化教育的认知也越来越清晰、越来越高。传统文化教育需要正本清源、讲述经典、传述真经。为此，学校设立了课程研发部，招聘了几名热爱传统文化、有国学知识研究和一定基础的大学生专司课程研发工作，聘请国内知名专家学者担任顾问教授，指导学校的课程研发与教学。

尤其在儒家六艺与非遗文化的学习中，古琴、围棋、书法、国画、茶艺、习礼、游学、太极拳、八段锦……种类繁多的特色经典传统文化课程，帮助学生提升见识、修养品行、传承文化。孩子们在古琴课的德音雅乐中感悟中正平和；在围棋课的黑白对弈中运筹帷幄；在书法课的运笔题字中沉静气质、正心修身；在国画课的丹青水墨中领略真善美德；在茶道的清新淡雅中悠然恬静；在饮食的精益求精中滋养身心，让他们切实感受到中华传统文化的博大精深。

几年间，我率领团队先后研发出《品味中华优秀传统文化》《中华德行好少年》《新时代文明少年》等 30 多个课程系统，每个系统又包含若干个子课题。在各个课题中学习仁、义、礼、智、信五常及学孝、悌、忠、信、礼、义、廉、耻八德。从“至圣孔子”课中学习儒学及圣贤智慧；从“连根养根”课中学习家风家训，效仿祖先；“谁不说俺家乡好”课则让学生了解孔子故事和曲阜历史，学习中华文明史和风俗民情；从“自我觉知”课中启发青少年良知和智慧；从“绽放”课中发现世界之美；从“梦想起航”课中帮助学生树立远大美好志向；“中小学习礼”课则指导学生德行与修身，学生学到了修身、齐家之道，从仪表礼仪、举止礼仪、语言礼仪、学校礼仪、家庭礼仪、社会礼仪和礼仪修养等方面，教育培养青少年礼仪养成；从“伟大的党”课中学习党史和革命精神；从“我爱你中国”课中学习国史和中国精神；“家国情怀”课则激发学生的爱党、爱国情怀。

近几年，我每年有300天左右站在国学讲坛上，超过50%的时间是在外地讲学。来学校视察、考察的领导先后达600多人次，慕名而来学习国学的已不停留在学生层面，机关团体、企事业单位组团而来的越来越多，东南亚及欧美几个国家也有团体或个人到孔子礼仪文化学校学习国学，国内学生前来学习国学的更是成倍增长。以前我们都是主动去找客户、找市场，做宣传、招纳学员。现在党和国家重视中华优秀文化的传承弘扬，全国学习中华传统文化的热情非常高涨。我非常庆幸当初在父亲的指引下做出了正确的选择，亦希望我以后能更好地把弘扬中华优秀传统文化与传承好家风相结合，让更多的孩子在好家风中得到滋养，这对他们的成长是非常有益的，而每一个孩子和家庭在家风建设中更加优秀了，那么我们中华民族的伟大复兴就一定能实现。

第三章　崇德向善 匠心报国

刘咏梅口述，彭雁翎撰稿

刘咏梅，出生于1973年，中国野生蓝莓行业领军人物，黑龙江北极冰蓝莓酒庄集团总裁，深圳爱神海国际商贸董事长，博鳌儒商（明德）博雅书院发起人，中国最具有影响力的十大女性之一，2019中国女性创业领袖，2017—2019博鳌儒商标杆人物，北极冰集团创始人。

我是刘咏梅，我理解的家风，就是一个家庭或家族中以家规、家教、家律形式承载的家族成员应当遵循的正确的人生观、价值观和世界观。原生家庭给人的影响是巨大的，父母的言谈举止影响了我做人的根本，从“崇德向善”到“匠心报国”的家风和家教，构成了我修身律己、为家国奉献的人格底色。现在谈谈影响我一生的我的家风。

小家：言传身教，立德树人

在我童年的记忆里，父母就给我们做了很好的榜样，促使我在人生成长的道路上，比一般的孩子更加感恩我的父母。很多事都让我很感恩父母，他们用生命哺育了我的今天，给我留下的最好的传承就是他们的精神，让我从小就成了一个有正知、正念、正行、正气的人。

百善孝为先

在我们很小的时候，我爸爸因为是知识分子就会经常带着我们看书，最先给我们讲的就是“百善孝为先”。因为我们都太小，也听不懂大道理，所以父亲就用讲故事的方式教育我们，让我们能够听得明白。小时候，他给我们讲“黄香扇枕温席”的故事，说东汉时期有个人叫黄香，他从小家境贫寒，很小的时候母亲就去世了，和父亲相依为命，父亲每天为了生活操劳，黄香都看在眼里疼在心里，于是从小就学会主动分担家务、心疼家人。夏天天气闷热，黄香就拿蒲扇把凉席扇凉让自己的父亲睡个好觉；冬天天气寒冷，黄香就把被窝暖热后再让父亲睡进去。我的父亲告诉我们，你们都比黄香幸福，小黄香在那样艰苦的环境下都能从小做到孝顺父母，长大之后名垂千古，你们应该向他学习。所以我们姐弟三人从小就很懂事，虽然我们家庭条件相对较好，但是父母从来不让我们娇生惯养，我们会主动地去帮父母做很多事情。当时，我们每家每户都养鸡，我们就学着给鸡剁菜喂食、扫地、倒垃圾、给爸爸妈妈端水等，帮着家里做一些力所能及的活儿。我十多岁就会洗衣做饭了，可能也会干一些男孩子干的活儿，但那个时候也不知道累，只知道心疼爸爸妈妈，想替爸爸妈妈多干活儿，不想让他们那么累。那个年代父母要养活我们姐弟三人吃了很多苦，当时我还小，看着父母天天干活那么累，就觉得自己长大后一定要让家族扬眉吐气，成为最让家族骄傲的那个人，让爸爸妈妈都过上幸福的生活，就是这种对父母的爱和孝支撑着我砥砺前行。

全家福

“百善孝为先”就是我们的家族文化，从小我就真切地感受到了父母对爷爷奶奶、外公外婆的孝行。小时候过年，我们全家人都会上爷爷奶奶家拜年，爸爸妈妈就会教我们给爷爷奶奶下跪磕头拜年，尊敬长辈。每次家里要是有什么好吃的，一定是先给爷爷奶奶吃，爷爷奶奶吃完后爸爸妈妈才会吃，最后才是自己吃，这长期以来都是我们的家族传统。爸爸妈妈从来不对爷爷奶奶疾言厉色，从来没有大声吼骂、顶撞过爷爷奶奶，也会经常给我们讲“孔融让梨”的故事，所以我们从小就在父母家人一点一滴的美德懿范化育下懂得长幼有序、尊卑有别的道理，无论发生任何事都从没有顶撞过父母，我也从不顶撞我的姐姐，我的弟弟也从不顶撞我。

诚立身 俭养德 德厚行

原生家庭给我带来的影响是很大的。从小，爸爸就告诉我们做人一定要有人品，那个时候我们可能没办法像现在一样能够去理解人品的含义，但父母就会告诉你要做一个真诚、善良、厚道、勤俭的人。

从小父母就告诉我们吃亏是福，给我们讲“六尺巷”的故事，用朴素生动的故事来说教，告诉我们为人处世要低调谦虚，遇到任何事情都要先想着承让对方，不要对他人有过多要求，告诫我们：世上没有讨不尽的巧，也没有吃不完的亏，吃亏就是福！我的父亲是一名国家干部，文化素养高，他的工作在我们当地算得上是很体面的职业，但是他为人非常低调简朴，骑了 28 年自行车上下班，从来不贪国家一点财产，不用公职谋一点私利。那时候，我感到最幸福的事就是每天放学在路口等着爸爸下班来接我们，爸爸骑着一辆自行车，把我和我弟弟一人抱坐在前，一人抱坐在后，就用他的自行车载着我们回家，那真是我一生中无法复刻的幸福。现在想来这种幸福感应该是一种对父亲清白正直人格的崇拜和自豪吧。

曾国藩说过：“家俭则兴，人勤则健，能勤能俭，永不贫贱。”我母亲勤俭持家、吃苦耐劳的品格也影响了我的一生。那个年代家家都不富裕，虽然我们家有三个孩子，但是妈妈从不会让我们和别人家的孩子一样穿得破破烂烂、脏脏兮兮的，总会把我们打扮得干干净净，要求我们勤洗漱。虽然我们家境一般，但是父母从来没有让我们穿过有补丁的衣服，妈妈她经常省吃俭用，自己舍不得给自己买新衣服，把钱省下来买的确良的布料给我们姐弟三人做鞋子、衣服、书包。记忆中，我的妈妈心灵手巧，女红手艺很好，一针一线流畅有致，我想我今天的工匠精神就是源于我的妈妈。

那时候物资匮乏，一年能有一件新衣服穿真的是很高兴的事，最让我记忆犹新的是，每年在新春早晨睁开眼的第一眼就一定能看到妈妈摆在我们床头的新衣服，那是我最开心的时刻。那时候没发觉，妈妈因为白天都忙着饲养牲口，管理着一家人的吃喝拉撒，所以经常是在夜深人静时给我们缝纫衣服，现在每当我想起小时候穿着妈妈做的新衣服的场景时，都会想起她经常教导我们的一句话：“无论到哪里都要干净整洁，抬头挺胸做人！”

我在小时候也会做一些错事，无论犯错大小，父亲都会追根溯源，要我们诚实交代犯错缘由，然后从事件本身出发教育我们，而没有采用打骂的方式。小时候和身边小朋友产生摩擦，爸爸总是对我说，做人要善良，对于同学、小朋友要友爱大度，做任何事都不能撒谎欺骗。我记得爸爸小时候给我讲“海纳百川”的道理，他说，你看大海之所以有那样宽广的胸怀，是因为它融合了不同的小溪、不同的河流、不同的清水和污水，所以做人要包容一切，你才能够海纳百川。那个时候，父亲就让我们日行一善、乐于助人、换位思考，所以我从小就喜欢帮助他人，直到后来我在哈尔滨成立一个传播正知正念的博雅幸福书院，目的就是传递正能量、温暖他人，“君子以厚德载物”一直都是我父亲对我的期许，也是我对父亲的承诺。

严家规 知礼节 塑坚韧

所谓“国有国法，家有家规”，家族给后世子孙制定家规、执行家规就是教给我们做人做事的道理和规范。我认为自己正是在好的家风熏陶下练就了适应社会、超越自我的能力。

古人有言：“家之兴替，在于礼义，不在于富贵贫贱。”我们家族在行住坐卧、吃穿住行上都有众多规范，这些规范也成为世人所说的“立人之本、立家之方、立业之道”。比如在我们家，老人吃饭孩子是不上桌的，吃饭不能吧唧嘴，要自觉等长辈吃了第一口之后才能吃，不能把筷子插在饭上面，也不能用筷子敲碗等，家里长辈要求我们必须站有站相、坐有坐相、吃有吃相，穿衣服要不管穿得怎么样，必须干净整洁。

我的爸爸妈妈都是有文化素养的人，从小教我们熟读《三字经》《唐诗三百首》，从这些古人智慧中我们不仅习得了懂礼貌、知礼节，还爱上了朗诵，经常参加学校的朗诵比赛，说话做事变得落落大方。父亲要求我们对待长辈要有称呼、有敬意，每次逢年过节，父亲都会要求我们姐弟仨去给叔叔阿姨问声好，若是在亲戚朋友聚会的饭桌上，父亲也会让我们给叔叔阿姨敬杯酒，要求每个人说不重样的祝福语，从小爸爸就养成了我们对待长辈的礼貌礼节，也锻炼了我们自主发言思考的能力。虽然当时我们家也不能称得上是大户人家，但却有过去大家族那样的严格家教，父亲要求我们不能遇事哭闹、靠胡搅蛮缠解决问题。所以，我们姐弟仨从来不会跟其他小孩子一样，看着好吃的就想要，见到好玩的就要买，我们从来都是父母给我们买我们就要，不给我们买我们就不要，也不会像别的孩子那样因为想要商场里的礼物就又哭又闹，我们的习惯都非常好，无论走到哪里人家都夸我们懂事有礼貌，家教特别好。

父亲

母亲

从小父母就教我们女孩子一定要自尊、自爱、自强，穿衣要严谨，在不同场合穿不同的着装，穿着不能过于暴露，在外穿着裙子时不能躺着等，这些都让我从小学会优雅端庄。同时，父母对待我们姐弟仨无性别差异的性格培养也造就了我今天坚毅果敢的性格。父母给我取名“咏梅”就是寓意希望我如同毛主席写的那样“待到山花烂漫时,她在丛中笑”,希望我拥有足够坚毅、强大的内心来攻破人生所有的难题。我的父母教育我们的方式和其他家长不太一样，当我们遇到困难的时候，父母会告诉你，你先自己来想办法去解决。所以我不像别的女孩子一样性格软弱，从小父亲就注重培养我刚强的性格，告诉我：“遇到任何事情你们就是个小战士，一定要学会坚强，面对任何事都要勇敢、正确地去理解它、处理它，这样你才会更好地成长。”他也会给我们讲很多巾帼英雄的故事，像“花木兰替父从军”“穆桂英挂帅”“樊梨花”“辛亥女杰秋瑾”“抗日英雄赵一曼”“宋氏三姐妹”……告诉我们“休言女子非英物，夜夜龙泉壁上鸣”，巾帼也可不让须眉！父亲从小给我们讲的这些故事深深地影响了我，让我从小就有股韧劲，觉得女子一定不比男子差，听着那些巾帼英雄的故事我在心里暗下决心，将来也要成为像她们一样独立而又坚强的女性！我记得在我大学考学的时候很紧张，因为很希望自己能考上理想的学校，但又害怕考不上，那时候我父亲给我了很好的思想引导，他对我说：“考学是人生很重要的一个转折点，考上了你就能迎来人生更大的平台，但是如果失败了，你也将面临更多的选择，但考学有得失，并不能决定人生的全部，人生本就是跌宕起伏的，面对每次转折和挑战都要放平心态、勇敢面对、不留遗憾，学会正视挫折和成功。”父亲关于“人生充满跌宕起伏挑战”的想法给那时的我吃了一颗定心丸，我由此意识到人生所面临的所有困难都是在锤炼我，现实的挑战也是心智上的一种挑战，重要的不是何种考学，而是我应对各种大考的心态。我现在都还记得很清楚，当天父亲和我谈完之后，我穿着我妈给我做的新衣服，盘起头发，走出家门，在上学路上会经过一个山坡，坡下有一条小河，站在山坡上就能望见学校，我当时走在山坡上，望着对岸的学校，停留了几秒钟，我那时就自己暗暗下了一个誓言，许了一个愿，就想将来，无论遇到多大的苦难，自己都能够熬过去，坚持下去。往后多年，每当我回忆起这件事都特别感触，我想我就是从那个时候开始觉得无论做什么事都有一种信念在支撑着我。无论面临什么困难我都咬紧牙关自己解决，很少去依赖父母，从我 19 岁毕业以后，我就没有朝家里要过一分钱，毕业后自己出来打工挣钱、创业，一直到现在。这么多年，我一直是在暴风雨中洗礼自己，父母也没有让我在温室里成长，所以我才学会了逆风飞翔。

家和万事兴

我一直觉得家族兴旺才是真的兴旺，家族和气才是真正的圆满。从小我们家就非常重视和气，家族内部一大家子都能够和睦相处，家人之间也没有矛盾和纷争。每逢过年，我们全家族的人都在一起过个团圆年，每家每户都有两三个孩子，都会带着孩子全家去给爷爷奶奶拜年，所以我们家过年就特别热闹，每年都是一家族将近 20 口人在一起过年，这是我们家族的传统。所以家族团结和气的家族精神从小就在我的心里生根发芽。我父母也一直同我强调“家和万事兴”“礼之用，和为贵”“人心齐，泰山移”“独乐乐不如众乐乐”“家族兴旺才是真的兴旺”……所以我从小就立志要成为家族的榜样。在今天我取得了一点成功之后，我家里所有的人，不管是姑姑、叔叔，还是表嫂、表叔，所有我能够帮助的，我全都帮。因为对于我来说，家人间的团结与努力，就是我奋斗的底气。

全家福

我从小生活在一个温馨和睦、被爱包裹着的家庭，我爸爸妈妈真的做到了相敬如宾、举案齐眉，家里总是和和睦睦的。我们家也是属于“男主外、女主内”的中国式平凡家庭，但是家庭成员之间都是平等相处的，每次家里有什么事都是爸爸妈妈商量着共同决定。如果是和我们有关的，爸爸妈妈也会和我们通气，征求我们的意见，虽然我们一直都以爸爸的决定为遵循，因为父亲在我们姐弟三人心里一直都是山一般的精神引领的形象，我们敬仰我们的父亲，父亲也很尊重我们，所以长期以来家里的氛围都特别融洽。在我们家里，爸爸喜欢练字，妈妈喜欢唱歌，但无论我妈妈唱得如何，我爸爸永远是我妈妈最好的观众。他们彼此都有各自的兴趣爱好，不仅互不干涉，给对方留足了思想自由的空间，还相互鼓励、互相欣赏，所以我一直觉得，我的爸爸妈妈不仅是最好的夫妻，也是最好的“战友”。我就是在这样一个充满爱的环境下长大，所以家族之间真诚相待、和睦相处、相亲相爱是刻在我基因里的认知。

大国：匠心铸就民族品牌

在今天我爸妈拿我做我们家族的骄傲和后辈的榜样的时候，我觉得做到了他们所期待我的“穷则独善其身，达则兼济天下”。匠心铸就品质，服务不忘初心，是我的企业文化，也是我的家风教育。

爱党爱国

我父亲是名党员，从小就会给我们讲一些抗战民族英雄利人利国的故事，所以我们是在红色文化教育中长大的。记得我第一次听爸爸给我讲“王二小放牛”的故事，他讲说：“在抗战时期，有一个放牛娃名叫王二小，和你们一般大小，在日本鬼子来‘扫荡’他的家乡时，他不但没有被鬼子吓倒，反而勇敢地把鬼子带进了八路军的埋伏圈里，保护了转移的乡亲们！但是，王二小也因此被鬼子残忍杀害。他和你们一样大，你们今天能够读书上学多么幸福啊，我们今天的好日子都是由革命烈士们用鲜血换来的，虽然王二小的生命很短暂，但是他却永远被人们铭记，因为他是为国牺牲的！你们以后都要做一个爱国之人！”当时听到王二小为国牺牲，我们姐弟仨都泣不成声，从此爱国的种子就悄无声息地在我心里扎了根。父亲用人物对比讲故事的方式让我们感同身受爱国的使命担当，王二小的故事使我第一次认识到“爱国”这个字眼的重量。随着年龄的增长，我父亲还给我们讲过许多的爱国故事，比如像岳飞精忠报国、詹天佑建造中国自主设计的第一条铁路——京张铁路、郑成功收复台湾、长征将士挖野草啃树皮、华罗庚钱学森放弃国外优厚待遇毅然回国建设祖国……真的特别多的事例，每一个都让我感触很深，工作之后我还时常想起我父亲经常挂在嘴边的“人不能独活，共产党员永不卸任”，很多时候，我感到父亲并不是为了教育而教育，他的言谈举止就是他深爱祖国的真情流露，是一种行动自觉。我们家族经常讲人生有三大孝：大孝、中孝和小孝。“大孝”就是要为国家做一些事情。这都影响了我，所以在自己有能力之后也竭尽所能为国家、民族多做一点实事。我小时候总感觉父亲就像一座大山一样，给了我们足够的安全感，长大之后发现这个安全感源于强大，我强大可以给我的员工安全感，祖国强大可以给我们安全感，所以我和我的家庭、我们的国家从始至终都是不能分割的。

匠心深耕

我父亲一份工作做了 28 年，母亲一辈子勤劳持家，这样的家庭文化铸就了我今天能够以匠心深耕中国野生蓝莓事业。“青灯黄卷苦读，热血挚情坚韧”，我从小被教育做事要专注、肯钻研，从小爸爸就会让我们练字抄书，沉稳心性。从小我们家的孩子都比其他孩子多一份“作业”，那就是除了老师布置的作业外我们都要抄写古诗词练字，这是我们家雷打不动的家规之一。有一次放假我忘了练字，到了夜里父亲查看时我交不出来，父亲就严厉地批评了我，我不理解，就反问他，为什么一定要练字？他告诉我：“字如其人，不同心性的人写出的是不同的字，让你们每天练字是为了让你们知道水滴穿石非一日之功，一口吃不成一个胖子，练字无法速成，人生也同样不能急功近利。”虽然父亲当时只是给我讲了坚持练字的道理，但是在坚持练字抄书的过程中获得的成长却是我自己多年后才真正领悟到的。通过练字让我的心性变得更加沉稳、踏实、有定力，也培养了我做事认真、精益求精的精神，所以我在选择做好中国野生蓝莓事业的那一刻开始，就没想过动摇。择一业，终一生，即使在 2020 年新冠疫情袭来时，我的企业受影响被迫关闭了将近六个月的时间，整个哈尔滨物流停运、工厂放假，我的企业几乎全部暂停，无法动弹。即使这样，我也没有想过放弃我的蓝莓事业，像其他人一样去玩金融、玩区块链、玩股票，我从不碰这些，我立志就是做好民族品牌，不能今天不行我就换一行。从我做到实体产业的那一天起，我就觉得我一定要为国家负责，为我的农户负责，为我的这些客户负责。28 年的北极冰蓝莓产业完成了蓝莓健康全产业链的发展，用生命和爱铸就绿色生态产业，但做一个健康产业坚持 28 年谈何容易？尤其是实体行业很容易受像疫情一样不确定因素的影响，但每次遇到什么困难，我就觉得我要拿着我的小钢枪，守护我的蓝莓产业，我无数次在心底告诉自己一定要保护好这份产业，让这份产业能够真正健康地发展、传承，成为一个让世界尊重的品牌，一个国家的民族品牌。所以，面对疫情，我选择的不是“弃暗投明”，而是“不忘初心”，在危机当中寻找生机，在生机当中寻找转机。我父亲常叮嘱我：“没有好人品，就没有好产品，一切根源于人品。”能打造具有匠心的产品与我家风教育密不可分。所以，北极冰蓝莓产业作为一个民族品牌的崛起，更是一份年份的沉淀，岁月的厚德！

公益铸心

不忘初心，常怀感恩，回报社会，是我一生要长久经营的事业。做企业永远都是走在公益的路上，每一个企业家都是一样的，要具备一份对社会的责任感。北极冰集团在公益路上的带动和社会责任的承担是我们大爱担当的企业文化。怀着一颗爱心铸造一份健康产业，倡导健康生活方式，为人类健康保驾护航是我创立“北极冰”的初衷。我父母常跟我说“人生要活成小太阳，去给别人赋予能量”，“北极冰”的公益之路始于父母对我成为一个善良、厚道之人的教导，我之前提到我们家族讲到的“三孝”，大孝为国，中孝为家族，小孝陪伴父母，可能我走到今天是把所有的精力全都放在事业当中，没有办法做到常伴父母左右，但是他们总是对我毫无怨言、以我为傲，每次归家他们念叨最多的总是：“能力越大，责任越大，你要为生你、养你的中国多做点事情。”所以我尽自己的能力去帮助我能帮助的每一个人，让他们拥有健康的幸福生活。自 2010 年起，“北极冰”就践行在公益的路上。我们通过当地的残联，经过实际的考察，选定在黑龙江团结村，这里很多老人都是无儿无女身患残疾每个月拿不到60块钱的低保户，走进他们的房子，感觉摇摇欲坠，好像来一阵大雨都会随时塌陷，我看在眼里，急在心里，立马将“重建家园”的想法付诸实际行动，在三个月内完成施工，为当地建立了十余户爱心家园，用实际行动履行企业的社会责任，助老助残，让每一个老人都能住一个不漏风不漏雨的房子，让他们感受到社会给予的温暖。给农户盖新房子、帮忙安顿员工家属、建立针对哈尔滨市留守儿童的公益助学项目、每年都参与扶贫事业、创立女性教育的公益平台——博雅幸福书院……就是希望我能留给社会一些正向的精神，德行天下，爱满人间。

家风：家族精神的传承与延续

我觉得从我的爷爷教给我父亲做人的道理，我父亲教给我，我再教给我儿子，这就是一个家族家风的传承，家风就是家族精神的传承。

教导儿子：德行天下

我经常对儿子说的一句话就是：“儿子，妈妈给你传承的是精神上的财富，而不是物质上的财富。如果你不够优秀，这个企业我会找一个优秀的人来接替，不会交给你。”我经常对他说，如果想要继承家族的产业，首先人品要正，人品就是你最硬的底牌。

因为我和孩子父亲工作繁忙，所以儿子在我身边就只待到了小学，小学二年级的时候，就寄宿到老师家里补课学习，毕业之后就送去了加拿大读书，他对此一开始并不理解，因为我们陪伴在他身边的时间实在太少。那时候他就问我，为什么别人家的小孩就可以父母接送，他却要被我们送到国外独自生活？所以在他十四五岁的时候就出现了非常严重的叛逆心理，不愿意去上学，但他同时心底又是心疼我创业辛苦的。后来我就与他促膝长谈，同他讲：“假如妈妈今天不去创业，那我们将来就没有幸福生活，你看着别人家住着小房子、开着好车子，这些妈妈都不能给你。”我常常对他说：“儿子，严是爱，松是害。你应该感到庆幸，出生于我们这样的家庭就相当于含着金汤勺出生，父母辛苦打下的家底让你没吃过苦、没遭过罪，这是比很多人都幸运的事。而妈妈只是在创业时没办法给你陪读而已。但如果妈妈将时间全都用在陪你上学上了，那你永远也学不会独立。在外你一定也会受到很多的委屈，遇到很多的挫折，但爸爸妈妈没在你身边反而能让你学会独自解决。人的一生还会遇到很多的磨难，拥有独立思考解决问题的能力是非常重要的。你已经比很多人都幸福了，更要珍惜妈妈给你的这种经历，因为这才是妈妈给你的真正财富。”我给他讲完这些，他就明白了，我们给予他最重要的不是金钱上的自由，而是独立生活的能力。

无论是他遭遇挫折还是心生叛逆，对父母产生抱怨或是犯了什么错事，我都不会像其他家长一样打骂他，我会以他为反例、我为正例对他进行对比教育。每当他埋怨生活时，我就告诉他，我从 19 岁毕业以后就开始上班、创业，走到今天吃了很多的苦，也遭了很多的罪，但即使在最苦的时候也没有朝你姥爷和姥姥要过一分钱。我经常告诉他我之所以这么拼命工作，就是因为我想让姥姥姥爷过上幸福的生活，虽然他们可能不缺妈妈这个钱，但是我想为家族去分担一些生活的压力，那是妈妈的本性。每当在我有困难的时候，我也没有跟姥姥姥爷哭诉过，我从来都是报喜不报忧，面对他们的时候我永远是面带微笑的，你也要学会这份坚强，懂得感恩，懂得你不是为了自己在战斗。我常常会告诉他，要记住一句话，“三人行，必有我师焉”，人人都是你的老师，你要“见贤思齐”，学习他人的长处来弥补自己的短处，谦卑待人，以长补短。每次遇到什么事，通过和我自己的对比教育，反问儿子假如妈妈这么做，你觉得合适吗？他就会说妈妈我错了，下次我不会这么做了。

我与儿子

对于儿子的教育，除了强调独立人格的养成之外，我最为注重的就是“孝道”，这也是我们家族精神的传承。“感恩教育”贯穿了我对儿子的整个教育过程，曾经他也和其他富二代一样对跑车奢侈品着迷，我选择让他去尝试，因为只有满足他对奢靡生活的好奇心，才能打破他对虚妄生活的幻想。但是让他体验过之后，我就告诉他，妈妈创造的财富只够你享受到这里，其他的一定是要靠你自己去创造的，如果你变成了啃老族，那就是“大不孝”，你的子子孙孙也会以你为耻。我常对他说：“儿子，你有一个优秀正能量的妈妈你是多么幸福，假如我的儿子也是一个非常优秀正能量的儿子，我会多幸福，咱俩之间一定是彼此加持的。”所以他从小就非常懂事，他才六七岁的时候，有一次我俩一起上超市买了很多东西，他才那么丁点个子，就会抢着帮我拎东西。走路的时候怕车剐着我，硬把我推到人行道的里面，他走外边。他从小就特别有孝心，舍不得让我吃一点亏，对待爷爷奶奶、姥姥姥爷都很有礼貌。他现在经常会跟我说：“妈，等我创业成功，就让我来养你，你就不会这么辛苦了。”

引领员工：正行、正面、正直

客户只要一走进我们公司，就会看到进门处的六个大字：正行、正面、正直。这既是我们企业文化的呈现，也是我对员工的鞭策。

我觉得企业是一所学校，也是个军队，更是一个有爱的大家庭。在我创业的28年里，无论公司是逆境还是顺境，我的员工都做到了不抛弃、不放弃，这是非常难得的，这是因为在这个企业中他们能感觉到温暖友爱，员工彼此之间能够相互赋能。我从不辞退我的员工，只是鞭策他们与时俱进地去学习。即使我管理着这么大的一个企业，但我对我的员工都很真诚、信任、感恩，从来不盯工，因为员工中跟我最久的已经28年，年岁比我儿子还要大，在原始创业的时候他们就已经跟着我。当初我们在大兴安岭创业，他们就跟着我上大兴安岭，那时候的条件很艰苦，大家都住在集体宿舍里吃大锅饭，我就和大家同住，给大家做饭，从没有因为我是领导就让别人来伺候我，当时大家就像一家人一样抱团创业，彼此都很朴实。所以我的很多员工都对公司评价很高，他们常说，“北极冰”就是他们的家、他们的依靠，这让我觉得这才是我最该做的一件事。现在我给他们的家人都安排了工作，也在他们孩子上学的地方帮他们买了楼房。

为人善良、厚道的家风深深地影响了我，也对我的企业经营产生了直接影响。我给员工定的上班时间是上午9点到下午6点，就是为了让他们能够错开早晚高峰期，方便出行。我对员工的引领在精神层面更多一些，我从来不会让他们多拿业绩，因为我觉得道法自然，你人做好了，很多东西就自然变好了。所以我的团队选人的标准就是正能量。除了在办公能力上提升员工之外，我更注重对员工格局、胸怀、品行的培养，我就常跟我的助理说，你要成为第二个刘咏梅，才会适合当我的助理。就是说要对自己高标准、严要求，只有勇于克服和挑战更多的困难才能成就卓越的自己。我经常会像大姐姐一样去教导我的员工，带领大家去读《道德经》，倡导大家要将日行一善作为一生的事。

爱一行才能干一行，我从家族那里传承来的“工匠精神”经常会成为我对员工的“严苛”要求。比如我告诉我的司机，作为司机你首先就要爱车，只有你爱车，才会在开它的时候有成就感、归属感。所以我的司机都特别爱车，每天都会把车擦得干干净净，坐车的人心情也会变得愉悦。不仅要爱车，也要爱自己的职业，专车司机不同于快车司机，代表了公司的形象，所以我要求他也必须有足够的礼貌和礼节。也许有时候看来似乎过于严苛了，但长久而言这对他们一定都是有极大提升的。因为我母亲从小就特别强调干净整洁，所以现在我的企业特别注重营造卫生舒适的办公环境，每次我一回公司，目光所及干净整洁、绿植葱郁，办公心情自然就很好。

从小父亲教育我女孩子尤其要自尊、自爱、自强，而我作为一名女性企业家，也更加注重对女员工的思想引领。我常语重心长地和公司的年轻女孩子们讲，女人必须学习，只有学习才是人生最无价的奢侈。都说男人可以光宗耀祖，女性做好了也可以光宗耀祖，一个女人好了会旺整个家族，会成为孩子最好的榜样。我经常同她们像朋友一样聊天，告诉她们说这个社会很现实，假如你不够优秀，就算找了男朋友，有一天也会遭人嫌弃。"梧桐栖凤凰"，只有自己变得优秀，才算是拥有了人生最大的资本。因为同为女性，所以我们私下里也是姐妹，我对我的女员工更多了一份引领她们的责任感，不像别的企业不行就辞退，我会用自己的人生经历去引导更多的女性认识自我、提升自我，真正活出自己生命的风采。

我总结家风的影响是：家庭就是一片土壤，孩子就是长在其中的种子。良好的家风承载着先辈对后代的希冀与诫勉，也是一个家族世代相传的独特文化基因。家风相连成民风，民风相汇成国风，传承好家风，才能安邦定国！

第四章　传承仁义家风 走上幸福之路

张华口述，王婉雯撰稿

张华，1972 年出生于陕西西安，中共党员，教育部全国万名优秀创新创业导师人才库首批入库导师。2004 年成立广州蓝态环保科技有限公司，2012 年 10 月发起成立了广东省首家专门弘扬优秀传统文化的慈善组织——广东省蓝态幸福文化公益基金会，获“广州十大慈善影响力人物”“广州市十大最美慈善家庭”等荣誉。现为广东省蓝态幸福文化公益基金会理事长，中华炎黄文化研究会理事。

我是张华，我理解的家风，是一种感化，一种无言之教，身教重于言教。我做事情的标准，其实就是父母给予的一些无形的影响。这种无形的家风，潜移默化中教我要守自律诚信之义，持仁爱良善之心，做有价值之事。

父母无言之教，夯筑人生之基

我的父母是老一辈的大学生，他们为国家建设奉献了宝贵青春。他们在言语上对子女没有过多的说教，而是以身体力行影响着我，虽然他们没有太多传统经典学习的基础，但他们的行为，却常常可以在传统经典义理中得到印证，形成了无言的家风和家教。

用奉献诠释青春价值

我父母都是知识分子，父亲是西北工业大学毕业，母亲是西安医科大学毕业。我爷爷奶奶都是农民，这样的家庭能供养出大学生是相当不容易的。我父母这一代人，是对国家贡献很大的一代，他们大学毕业后，都积极报名支援国家的三线建设。为响应国家“备战、备荒”“广积粮、深挖洞”的战略方针，我父母毕业后来到了陕南汉中，在航空航天部012基地3039厂，相当于是在一个相对封闭的工厂工作。现在我们国家大力发展航空航天事业，他们的工作现在听起来似乎是挺时尚的,但在当时是一个保密单位,当地俗称“九号信箱”。这个地方是汉中市的郊区,四周都是农村,所以他们其实是挺艰苦的。但父母在那个地方一待就是一二十年，也没觉得苦，他们把青春都奉献给了那里。母亲在照顾家庭的同时也非常敬业要强，我常常半夜醒来看见她戴着厚厚的眼镜写论文的身影，其学术论文多次入选陕西省及全国的学术交流会，她个人的先进事迹多次被《汉中日报》报道，她担任院长的 3039 厂职工医院也多次被评为先进单位。

我出生在西安，六七岁随父母到了汉中。小时候我在汉中没感受到多少艰难，这源于父母的呵护。“九号信箱”周边都是农村，厂的另一边是一个部队的驻军。厂里有自己的食堂、露天电影院和子弟学校等，我从小就在这个地方生长。小时候很贪玩，一放学就去村里捞鱼摸虾捉田鼠，所以小时候感觉生活还是很幸福的。但是子弟学校教育质量跟不上。“九号信箱”的很多长辈都是高级知识分子，清华、西工大毕业的都好几十个，他们是国家花了很大精力培养的人才，但是他们的子女教育跟不上，厂里四五年才有一两个人考上大学。因此有人说，三线建设的一代人既奉献了青春，还奉献了子女，这话是有一定道理的。

还有一件事情是小时候我母亲告诉我的。唐山大地震的时候，他们俩工资一共才几十块钱，当时他们以“张胜杰”（我父亲叫张胜利，母亲叫张彩杰）的名义给唐山寄去 200 元，最后可能对方是通过寄出的地址查出是我父母寄的，把钱退了回来。后来他们用这个钱买了《毛主席选集》又捐了出去。但是，他们自己的生活却一直遵循老一代“新三年旧三年，缝缝补补又三年”这种勤俭持家的生活习惯。印象中母亲自己从来没买过新衣服，很多衣服都是补了再补，父亲衬衣也是正着穿完反着穿，晾衣绳上父亲的背心经常是大大小小的窟窿眼。

父母奉献的青春在无声中教导着我，人一定要做有价值之事。

严父教子自律诚信之义

我父亲有时候让我感觉他近乎刻板。一方面是因为父亲经常出差，我和他沟通少，因此有距离感；另一方面是他回家就要检查我的学习成绩，有时候我免不了要挨上几巴掌，所以小时候对父亲的印象就只是敬畏。

小时候调皮捣蛋的事儿我记得很清楚。我们几个小孩在一块儿玩扔石头，有卡车经过的时候，我们就往天空中扔，也不是故意要去打中卡车，就是逞能比赛谁胆子大、谁扔得高。有一次我砸中了一辆卡车的后挡风玻璃，司机一下车查看我就飞快地跑，快得都感觉不到自己的腿了，这种感觉我现在都还记得很清楚。我一开始不敢回家，跑到了一个同学家里，这时听到我母亲在喊我“小华，小华”，我估计自己的行为暴露了。回家的路上，楼梯夹道都是人，看我就跟看犯罪分子一样，我低着脑袋回去。老爸问，是不是你干的，是的话就得承认，是有意的还是无意的。我含糊其词。那个时候父母的工资是很低的，我父亲要给人家赔钱和道歉，父亲没有收拾我，我自己却生出了一种愧疚感。

还有一个场景，我小学一、二年级时，因为贪玩儿，有一门功课考试只考了 40 多分，就自作聪明改成绩，改成了 80 多分，还仔细地把错题给改成正确答案，自我感觉挺聪明的，就回家交差了。倒霉的是当晚班主任家访。父亲知道真相后，脸色铁青，等老师走后，把我倒吊在门框上，狠狠打了一顿。当时我的心情是很痛苦的，既羞愧，又觉得倒霉。但回过头想想，这些事情是非常重要的警示。“小时偷针，大时偷金”，弄虚作假是很严重的问题，坚决不能犯。

父亲面对事情始终都坚持一是一，二是二。他“油盐不进”，在领导岗位时，坚决不收一分钱的礼金。有人知道他爱吃红薯，就送了一点红薯给他，最后父亲追着人家给扔回去，他就是这样“不近人情”。他当时是3039厂的高层领导，很多人去找他办事，但他一直是铁面无私，无论亲戚还是朋友都没有一点儿商量余地。后来调到山东工作后，父亲依然坚持照章办事，也得罪了不少人。但是，父亲退休后，很多人尤其是从汉中跟着父亲来山东的，都非常敬重他，经常去看望他。父亲从来都是吃得香、睡得着，因为他从不做亏心事。

我父亲就是这样自律、要求严格的人。生活中，父亲吃饭绝对是要吃得干干净净的，用馒头把饭碗蹭得一滴汤汁都不剩，我也学到了这种习惯。我每一次回山东，看到父母每天散步锻炼身体，我父亲是走一路捡一路垃圾，他一直都是如此，这是我无法经常做到的。父亲的这些行为对我的经营管理理念都是有影响的。

慈母予我仁爱良善之心

我和母亲相处得就比较好，她对我们兄妹的照顾是无微不至的。母亲作为 3039 厂职工医院院长，每年大年三十的时候，她往往是不在家的，因为经常要去当班急诊，有的人放炮把手崩坏了，有人是喝酒被酒瓶子划伤了，等等。有时候我去给母亲送饭，医院人手不够，我还得帮忙。

小时候我经常同我妹妹产生矛盾，一是不想让妹妹当跟屁虫，我做了坏事她会向父母告我的状；二是过年时最不想和妹妹分享花炮。但是，我母亲经常教育我要照顾妹妹，当时我心里是不情愿的，现在回过头来想，母亲这是教育我心中要装着别人，常常为他人着想，这实际是莫大的财富。

小时候我们住的地方很小，一家四口在四五十平方米的地方住了很多年，整层楼四五家共用一个卫生间和洗水池，虽然物质生活不是那么丰富，但是邻里之间互相照顾、互相体谅，谁家有好吃的相互分享，常常端着饭碗去串门，有什么困难也相互关照。我母亲经常让我去打扫公共楼梯，从三层扫到一层，一层一层地扫，这在无形中教会我，要与人为善、助人为乐，公共的事情要积极去承担。

我父母在工作岗位上都有一定的成就，但是我和我妹妹毕业时，家里是没什么存款的，我父母非常孝顺长辈，从大学毕业起，一直坚持每月给双方的老人寄生活费，宁肯自己生活节俭，也从未间断。我奶奶八九十岁的时候摔骨折了，我父亲给老人家擦身、洗脚、剪脚指甲，这些是我自己都没有做到的事。小时候吃饭，爷爷奶奶不上桌，孩子是不能先坐的；有客人在的话，小孩子在边上不能打扰大人；有好吃好喝的，要先给长辈吃，有时候爷爷奶奶还要先把好吃的供给祖先；不能隔着桌子去夹菜，不能只顾自己哪个好吃就往自己嘴里塞；等等。这些都是优秀的传统，父母没有系统学过传统经典，但他们在无形中教会我们从小心中要有长辈、有他人，要守礼节。

与母亲同行

所以我做事情的判断标准是什么？其实就是父母通过身教传递的一些无形的东西。一是人要活得有价值，一定要做有价值的事情；二是做人要诚实，要守信；三是做人要善良，心中要有他人。父母没有特意地言语说教，但他们几十年的身教给予了我深刻影响。在我系统学习传统文化之前，我对传统经典是不太了解的，但我学习了之后，发现父母无形中教给我的很多日常做法，在经典中是能找到相对应的义理的。

开明家教家风，助我行稳致远

可以说，每一个孩子在进入社会独立生活前，其命运完全是随着父母的。父母重视教育、民主开明的家风，对我成长影响深远。

父母无私奉献，读书改变命运

子弟学校教育不好，我小时候不好好学习，让家里操碎了心。后来我母亲让我转学到汉中市青年路小学，厂区跟学校有五六公里的距离，我每天坐厂里的班车去市区上学，父母每天起早贪黑照顾我的起居学习。小时候我不懂事，只觉得自己很辛苦，有时贪玩打乒乓球错过晚上班车，就自己往回走，两边都是黑黢黢的田野，伴随着蛙鸣声……有时候心里害怕，就边走边跑，常常在路上遇到老妈老爸在找自己。

父母选择了去参与国家最需要的航空航天建设，去了那样艰苦的地方，一干就是一二十年，子女接受不到好的教育，他们又尽力让自己小孩接受好一些的教育，但是自己当时不懂事、贪玩，很让父母操心。

如果我一直在3039厂待着，那我初中毕业后也就是上个技校、中专。后来我的命运为什么改变？就要谈到1987年父母集体调动到了山东。当时国家已经不那么强调三线建设了，而这时山东齐鲁石化30万吨乙烯工程需要很多人去支援建设，石油化工部向航空航天部要调人，航空航天部发出的文件转到了012基地，父亲到基地开会时看到了这份文件。当时3039厂人员充足，事务没那么多了，父亲放弃了升任012基地另一家厂长的机会，义无反顾带着愿意支援石化建设的100多户集体调动到了山东。我们就跟随父母到了山东。

我到广州创业头几年，有一次父母来广州看我，觉得我创业艰辛，而他们没能帮上忙。我告诉父母，其实他们对我最大的帮助，就是从汉中调到了山东。当时父母调到山东，一方面原因是淄博离父亲家乡更近，另一个重要的原因就是为了我和我妹妹的学习。在3039厂里，我母亲是当时厂里医院的院长，父亲是厂里的高层管理人员，他们已经过着很稳定的生活。调到山东那年，父母已经40多岁，他们离开了自己工作了一二十年的工作环境和熟悉的同事，来到山东重新适应陌生的工作环境，如果不是为了子女，我想他们未必会有这样的选择。山东的教学质量普遍比较高，通常一个班有一半能考上大学，大家学习都很用功，和我这种在田野里野惯了的状态是完全不一样的。在山东我才深切感受到自己学习很差，习惯也不好。

父母为了子女所做的巨大奉献和牺牲，是没有办法用金钱来衡量的。我跟父母说，到了山东，换了一个环境，有参照和对比，才让我有了更广阔的视野和事业，这才改变了我的命运，这就是养育的恩情。

父母开明家教，无声伴我逐梦

1995 年我从西安交通大学毕业，当时我们就业是双向选择，可以自主择业，如果有单位接收，就可以派遣到那里，如果没有合适的，就派遣回生源地。我记得第一次深刻地思考人生，是大学毕业前。我上大学选择到西安读书是出于一种情结，我小时候在那儿出生，加上父母都在西安毕业，有一定的感情，虽然西安离山东很远，但是假期可以回家，而且还没有真正独立进入社会。但是当真正要面临毕业的时候，意味着要在心理上“断奶”了，要独立去面对、适应这个社会，我对这个社会既充满着不确定的未知，又充满着向往和梦想。我毕业时收到了四份接收函，工作单位有在山东济南、威海的，更有远在广东茂名的，临毕业前的那些日子，我每天晚上躺在上铺辗转反侧，想来想去，最终也没敢下决心到哪个城市，错过了自主选择单位的最终派遣时间，于是被派遣回原籍淄博。儿子回到身边，父母当然很高兴，工作单位齐鲁石化的工资水平也相对较高，很多人想去都去不了。但是回到淄博不久，我发现生活太平淡了。我询问了比我早一两年毕业的同学，想知道他们在工厂上班时都做些什么，同学回答说，大家每天早晨坐班车去上班，化工厂自动化程度比较高，每天只须盯着别出事儿，然后下班再回家，开始感觉挺新鲜，上班还相互聊天，现在聊天都聊烦了。我就想，这样的日子太枯燥，也创造不了什么价值。我跟我母亲商量，我不想在这儿待着了。

在这个事情上就体现出父母的明智，父母说：“我们不给你意见，你自己判断。你待在这儿，我们很开心，你如果要自己出去闯荡，我们也不拦着。”我思来想去，觉得现有的生活没有太大价值，人生就像登山一样，走一条修好的路当然很安全，但是风景就有限；如果想要看一些不一样的人生风景，就有一定的风险，这是很正常的。于是我折腾好几个月，最终来到了威海工作。如果没到威海，我也不会认识我的太太，父母将我的婚姻大事决定权也交给我们自己。至于后来我只身一人跑到广州创业，近年又把工作重心从办企业转移到公益上来，其实都是父母给了我独立思考、判断的机会和能力。

张华、蔡丽夫妇获评广州市 2021 年十大“最美慈善家庭”之一

父母不会按照他们的想法给我的生活过多干预，但他们又时刻在远远地关注着我。

2007 年 3 月 22 日，我在北京准备《电解制水机》的行业标准新闻发布会，我作为行业标准的主要起草者之一，当时非常忙碌，恰好又接到央视《赢在中国》通知我入围的消息，需要发动网上投票。我关注的时候有些入围者已经好几万票了，我没有找人投票，却还有 80 多票，我想应该是我母亲投的。我给母亲打电话，母亲说，那是你父亲找电脑一票一票投的。现在每天早晨他们都会关注我的微信运动，要是我走了七八千步了，他们就给点赞，如果还没走多少步，他们也会来提醒。这就是父母远远的、时时刻刻的关注。前些日子我们参加广州慈善家庭评选，他们每天都在操心帮忙拉票。我那天给母亲发信息说，我们有 1 万多票支持了，远远超过第二名。母亲骄傲地说，我儿子的家庭是实至名归。我说：“老妈，这次评选，您是第一大功臣！”

这就是父母对子女无私的爱和无声的关怀。

幸福和谐之家

家风润物无声，恒做有用之事

家风和父母给我最深的影响，就是一定要做有价值的事。一开始我做健康水处理设备，是因为当时认为水是最有价值的，遇到优秀传统文化以后，发现文化能改变人心，这个更有价值。

创业遭遇困惑，初觉家风之力

2000 年我来到广州创业。来到广州的前 10 年，我基本上在忙着创业，做水处理设备——电解制水机。当时我之所以选择做水处理设备，也是因为家庭的影响——一定要做有价值的事情。电解制水机在日本是一种医疗器械，能够通过简单的喝水保护健康，我认为这是很有价值的产品。

直到2010年，我发现，随着企业规模扩大，员工越来越多，却遇到了棘手的新问题。我的本意是做一个好的产品，让大家因为我的产品和服务受益，但这项工作我一个人是完成不了的。经销商的唯利是图，供应商的偷工减料，员工的浮躁自私，甚至合作伙伴的背信弃义……让我觉得企业经营越来越累、不堪重负。

2010年以前，我花了很多精力、时间和金钱去学习西方的管理知识，但是管理的问题依然解决不完，学到的这些知识就像西医一样，头疼医头、脚疼医脚。西方的管理经验并非不好，但它是建立在大部分西方人是有宗教信仰的基础之上的，所以他有底线，心理上有一个“刹车机制”。因此，所有外在的管理方法、工具和手段，能管得住人但管不住人心，如同《弟子规》所云：“势服人，心不然。理服人，方无言。”

2010年，有人介绍我去学习传统文化。当时有位老师讲了一个小故事，教导同学考试取得好成绩时，要思考其中有多少人的付出和功劳，要常怀感恩之心，人生的考试才能满分，这使我印象深刻。我突然意识到，我们现在的学生难管，是教育出了问题。教育本来是立德树人的，让学生先学会做人，学会心中有别人。但现在部分家庭教育、升学模式是基于自我意识、基于功利主义的教育，所以教出来的学生到了企业工作，常常是个“半成品”，比较自我，不懂得与人相处。

这些问题的形成，是多年来优秀传统文化和良好家风缺失导致的。通过十多年的学习与实践，我发现优秀传统文化可以从根源上深层次地解决各种管理问题。这种优秀传统文化的学习，跟以往所有培训效果是不一样的，它的力量是超乎想象的。一个人一旦从内心里头转变了，将是非常彻底的一种转变。

借助孝道文化，破解管理难题

2010年，我把优秀传统文化引进企业管理，以优秀传统文化所提倡的“孝道”为起点，开始举办幸福文化课堂，至今（2021 年 10 月）已开设 188 期，每期五天五夜的课程。“百善孝为先”“老吾老，以及人之老”，孝道是感恩心的原点，课程的核心内容是要让学员能够跳出自我、关心他人，从根本上帮助大家解决家庭关系、子女教育和员工管理问题。

我们讲孝道，很多人第一反应就是给父母吃的喝的，但慢慢了解优秀传统文化，就发现不是这么简单。小孝孝父母之身，要供养父母；中孝孝父母之心，要顺着父母的心；大孝孝父母之志，要实现父母的志向；至孝孝父母之慧，智慧能让父母开心，没有烦恼、不计较，这是不容易的。我们现在做的事情，其实就是如父母所愿，让父母安心喜悦。

还有一种横向的大孝，就是“老吾老，以及人之老”，这是我们开办爱心环保餐厅的原因。爱心餐厅每天为一两百位老人、残障人士提供免费午餐，他们绝大多数不是吃不上饭的，他们来到这里，是因为有志愿者的服务、交流，大家一块儿学习、唱歌，老人们能感受到温暖。还有一部分老人是在这里找到了自己的价值，有一位 90 多岁的老奶奶，每天来这里吃饭，还给她瘫痪的邻居带饭，她从中发现自身的价值感。

我自从系统学习了优秀传统文化之后，就将问候父母这件事常态化，每年五一、十一、过年必回家，不再像刚来广州时，往往以创业忙等理由忽略了父母。有一次基金会举办传统文化课，我专门把父母请来，为他们洗洗脚、捶捶背、行三跪九叩之礼。说和做完全是两种感觉，在跪下的一刹那，我和父亲小时候的隔阂，在那个课堂上就消失了。我们一家人在台上都是泪流满面，我跪在他们跟前，父亲紧紧牵住我的手，亲情的力量一下子就把多年那种敬而远之的感觉打通了。

员工在学习优秀传统文化之前，食堂剩饭很多，有一次我在垃圾桶看到一个雪白的馒头，一口都没咬，我就想到父亲的节俭自律，他要用馒头把碗里的汤汁蹭得一滴不剩。对此公司抓得紧浪费现象就少，抓得松就又多了起来，没有办法从根源上杜绝。但从 2010 年开始学习传统文化后，食堂就基本实现光盘了，饭后大家分组互助洗碗，还实现了节约用水。深圳有一家两千多名员工的企业，把这种做法运用于他们的企业，不但节约了大量粮食，一年节省了 30 多万元的水费，而且提升了员工互助的服务精神。这种做法所体现出来的理念并不是新鲜的东西，而是优秀传统文化中本有的理念，也是我父母在无声中教给我的，要替他人着想，自律慎独，俭以养德。

员工以前每逢五一、十一放假都以家人生病等各种理由请假，但一翻朋友圈发现是去旅游了。现在，还是这些员工，长期学习优秀传统文化，每个人从内心建立起利他的正确价值观。五一、十一还没到，很多人提前报名各种公益项目的志愿者。现在无论是公司员工还是 30 多个公益项目的志愿者，大家基本能实现自我管理。志愿者是没工资的，那么大家为什么会去自愿做这些事？因为大家认识到，帮助别人最终就是帮助自己，自己的付出能帮助很多的家庭很开心，能付出是幸福。

我们的公益项目还解决了很多学员的家庭问题，包括上千对夫妻的离婚问题。最长的一对夫妇已经离婚了 10 年，在我们这里学习之后又复婚了。我们曾有一位志愿者，他吸毒 23 年、服刑 11 年、强制戒毒 7 次，2012 年他母亲、姐姐哄着他来参加学习，一开始他一直想走，最后被志愿者劝住了，到了第四天，他自己到台上扑通一声给他母亲和太太跪下认错，直呼自己不是个东西，一定要改。他还自愿在我们基金会做义工，2016 年他被评为广东省“十佳优秀志愿者”。他去过番禺监狱、深圳监狱、罗定戒毒所等现身说法，讲得服刑人员、干警都掉眼泪，因为他有切身体会。通过优秀传统文化的学习，他从过去危害社会的人变成了造福社会的志愿者。

企业让步公益，实现更大价值

2012 年，因为社会需求太大，我们的活动曾遇到一些瓶颈。

一方面是资金不足和志愿者疲劳的问题。开一期班花费几万块钱，报名的人越来越多，人力、物力、财力都是靠我自己，就承受不住了，因为公司有股东，不能动用公司的资源，公司能免费提供场地已经很不错了。另外，每开一次课，听课人数是 100 多人，负责洗菜、做饭、课间服务、带组分享、宿舍整理的志愿者就得四五十人。

另一方面的问题，是“名不正，言不顺”，我这里是一个企业，企业做这样面对社会大众的活动也确实是不合适的。这时我开始了解民政部门的各项政策，对比各类社会组织，最后决定成立一个公益基金会。

但跑了一段时间手续后，被告知我想成立的机构旨在弘扬优秀传统文化，在当时是新鲜事物，审批程序很复杂。因此那阵子很纠结，进退两难。有一天晚上，我走进课堂，恰好赶上课程第四天晚上学员分享的环节。有一个小男孩，十七八岁的样子，一上台给大家鞠了一躬，说："我非常感谢推荐我来学习的人，不然此时此刻我正在回老家杀后妈。"全场都吓了一跳。"别看我是农村的，小时候过得无忧无虑，很幸福，后来父母离了婚，父亲娶了后妈，后妈带着自己的孩子，她对自己的孩子很好，对我不好，因此我 14 岁就离开家，我将来要回去报仇。"我突然意识到，我们今天的社会还有一些不安定的因素，有的人想报复社会，有的人可能想自杀。这个孩子一下子给了我很大的触动。男孩说，他听了几天孝道的课程，觉得自己很多时候没有理解父母，离家这么多年也没有给父母打过一次电话，最近他要回去给父母当面认错。我一下子觉得，他学会换位思考了，优秀传统文化能救人命，救人于无形。

这个偶然的分享让我认识到，弘扬优秀传统文化是多么迫切、多么有价值的事啊，"心改变，一切都将改变"。这就是当时在课堂上冒出的一个想法，我赶紧把它记了下来。

既然觉得弘扬优秀传统文化的事儿还得干，于是我继续琢磨下一步工作。在政府支持和多方指导下，我们递交了相关材料，过了一个多月，我接到电话通知："恭喜你，你们这是广东省第一家工作范围写的是弘扬中华优秀传统文化的基金会，你们要好好做。"

就这样，2012 年我们创办了广东省蓝态幸福文化公益基金会，10 年来，我们累计总活动超过 3000 场次，受益超过 20 万人次；2017 年 12 月，蓝态爱心环保餐厅正式运营，为 60 岁以上老人和残障人士提供免费的健康午餐，至今免费供应午餐已超过 15 万份；2021 年成立了蓝态慈善超市发展中心，是广东省内正式在民政部门登记注册的首家慈善超市。另外，还启动了蓝态 AED 急救行动项目，截至目前为广州地铁、广州大学城全部高校和广州各大公园等捐赠救命神器 AED 设备 284 台。

做有价值之事：成立蓝态幸福文化公益基金会

现在我们有 30 多个公益项目，很多人都不理解，很多机构做一个项目都做不好，我们怎么能同时做 30 多个项目？我认为，我们只抓了最根本的东西，“君子务本，本立而道生”，我们抓了价值观，优秀传统文化说到底就是基于利他的公心。现在蓝态基金会得到越来越多的社会关注，这种关注是基于我们为社会创造了真实的价值。我们 10 年公益支出超过 5000 万元，我们的力量主要来自学员。学员通过对优秀传统文化的长期学习，逐步转变成了愿意付出的志愿者，志愿者中有钱的出钱，有力的出力，有智慧的出智慧。这实际上是在落实我们党和国家提出的共同富裕和第三次分配，“损有余而补不足”，我们每年 12 月会举办一次慈善晚会，去年疫情很多企业非常困难的情况下，一个晚上大家还定向募捐了 914 万元，我们给这些企业家创造了真实的价值，他们就愿意参与其中。

现在我的状态跟十几年前是不同的，十几年前是真的焦虑，焦虑员工离职、供应商造假、经销商夸大宣传，但这些事是解决不完的，因为问题的根源是道德缺失。现在我们成立基金会以后，我就可以从根源上解决它了。原来我把做企业作为目标，用传统文化，包括成立基金会，作为做好企业的一个手段，现在二者倒过来了，我把可以实现无限社会价值的公益事业作为目标，把企业赚钱作为手段。今年我把公司的法人、总经理都辞掉了，2021 年 6 月 16 日我成为基金会的法人，这意味着我无论从实际上还是从法定上，都全心全意投入公益中。我创办的蓝态公司是行业标准的起草者，也有一些专利，但我还是把蓝态公司改名了，让蓝态成为一个纯粹的公益品牌。公司为公益让路，这是小价值为大价值让路。

我为什么会做这些事？归根到底还是父母无形的影响。

传承仁义家风，奋力创造价值

2007 年，我参加 CCTV–2 主办的全国创业大赛《赢在中国》，获得全国第五名和 500 万元的创业资本，当时觉得一切成就都是自己努力的结果，但是这些年学习优秀传统文化让我越来越明白，我所有的东西都是在父母、父母的父母以及祖祖辈辈的努力基础之上建立起来的，任何人都是如此。有些人可以轻轻松松地比自己过得好，是因为每个人的生命起点是不一样的，人家的祖先努力、积功累德的事情做得多。有人就会认为，是不是只能认命了？这是不行的，我们每个人还是我们后辈的祖先，每一代只是家族传承中的一个环节，我们得努力给后辈做榜样，不断创造价值。当我们把这些道理弄明白以后，会发现对当下所呈现的一切都应该全然地接受，不要怨天尤人，但我们又不会懈怠和听天由命，而是要更努力，努力多为社会创造价值，这才是人生的意义和价值所在。

我父亲在幸福文化课堂上当众讲过，他将来所有的财产不留给小华，而是要全部捐给公益。我们做公益，同一般的公益不同，我们是基于文化的公益，不是单纯的物质给予，它还要教会别人明理、诚意、正心。我们也早就想明白了，《大学》里讲，“有德此有人，有人此有土，有土此有财，有财此有用”，有德才能感召来人才，财富也不是终点，财富要用来继续服务社会，“德、人、土、财、用”才能不断循环，不然留下一堆财，那是没有价值的。钱只是个手段，钱不是幸福的本身。所以当把这些东西慢慢弄明白的时候，这个人就真的幸福了。

我父母现在很开心、很骄傲，一直在关注并支持我的各项公益。我告诉他们："我所做的，不就是继承你们两位老党员全心全意为人民服务的心愿吗？"事实上，这就是家风对我的影响，是家风所教给我的对人生价值和意义的选择。

第五章　父母，自我之本源

王斌口述，叶彦岑撰稿

王斌，安徽省阜阳市太和县肖口镇王窑村人，出生于1972年，全国工商联执委，西藏自治区总商会副会长，西藏自治区慈善总会副会长，西藏自治区红十字会副会长，西藏阜康医疗股份有限公司董事长，西藏大学附属医院西藏阜康医院党委书记。

我是王斌，我理解的家风，就是每个家庭成员待人处事的基本原则是如何体现在他们的行为当中的。父母就是无言的家风教科书，是自我的本源。现在谈谈我记忆中我的母亲和父亲。

我的母亲：厚德载物，德合无疆

如果在别人的眼里，我还是一个善良的人，那么我认为我的善良应该来自我母亲。为什么这样说呢？常言说，大仁然后大勇，我母亲就以这种大仁大勇的气魄给了我第二次生命。

母爱，给我重生

我小时候得了小儿麻痹症，我母亲为了给我治病，把家里唯一值钱的母猪给卖了，换了 50 元。当时，我父亲正好去了王家坝挖河堤，王家坝离我家有 70 多公里，那时候的交通不像现在这么发达，通信也不像现在这么便捷，如果通知我父亲，等他回家，起码要两天的时间。我母亲说如果等我父亲回家再商量是否给我治病，担心我会扛不过去，因为当时我的病情已经很危重了。我母亲说："我小孩不能落下残疾，我要治好他。"那时，我们家是大家族，还没有分家，我母亲是家族里的二儿媳。我母亲没有跟家里的长辈商量，便自作主张，把家里那头来年就可以下崽卖钱的母猪给卖了。为此，我爷爷把我母亲打了一顿，因为那头猪是整个家族的口粮啊！后来很长的时间里，我母亲为了这个事儿也没少受委屈。

我出生在20世纪70年代，那时候安徽农村对孩子并不是十分重视，一是因为每家都有四五个小孩；二是那时候还没有实行计划生育，孩子没有了，还可以再生。那时候在农村得了小儿麻痹症的孩子，命运大多是很悲惨的。他们要不就是治不好而夭折，要不就是即使治好了也会落下终身残疾。当时，跟我同时得病的孩子都因为贫穷，在卫生院治疗了一段时间后，即使没有痊愈，也会被拉回家里，最后都落下了残疾。在当时，虽然医疗水平不高，小儿麻痹症还是可以治愈的，村里也有赤脚医生和药品，但治病需要钱啊。

虽然母亲文化程度不高，仅仅是小学程度，但她非常善良和大气。在家里极其贫穷的时候，我母亲还能竭尽全力去挽救一个可以挽救的生命，视生命的价值高于钱财，让我明白仁爱、善良真是一种大智慧。现实中很多人目光短浅的情况，原因之一都是不够善良、缺乏仁爱之心。我很幸运有这样的母亲，我是属于很幸运的，我的小儿麻痹症居然痊愈了，并且没有留下后遗症。

善良大气的母亲

哺育，超越亲缘

我母亲的善良和大气似乎是与生俱来的。我们家的一个远房亲戚，在“文化大革命”的时候被判了刑，遭受了牢狱之灾，出狱后，没有人敢收留他。我母亲把他接过来了，他就住在了我家。直到“文革”结束后，国家的形势好了，他才离开我家的。这十多年，是我们家一直在帮助他。

可能我母亲年轻的时候先天身体条件非常好，也可能当时我们家相对比其他家庭稍稍好些，我母亲产后还有点营养补充。我母亲生育了我哥哥、我姐姐和我之后，母乳都比较多，常常是一边的母乳就喂饱我们了，母乳常常是吃不完的。当时我们村里有不少的母亲母乳不够，又没有奶粉、炼乳之类的替代品，我母亲常常把我哥哥姐姐和我吃不完的母乳分给村里其他吃不饱的孩子。现在村里有些跟我们同岁的孩子，都是吃过我母亲的乳汁长大的。厚德载物，德合无疆，我母亲就是那样大气！

有容乃大 豁达开明

安徽桐城“六尺巷”那种“懿德流芳”的故事，我觉得我父母亲是绝对没有听过的。我家就发生过与邻居争住房地界的事情。

我们农村家家户户建房时，彼此之间都会空出一点地作为街巷。祖上留给我们家的房屋地界和街巷地界是口述的，我们也认为这些地界的问题街坊邻里应该都很清楚的。但我家邻居建房子的时候，非要越过街巷，建到我们家的地界范围里，也就是说，占据我们家的建房地皮了。

因为上几代人口述的东西已经找不到人证和物证（文件），所以邻居占据的那点地的归属权也是模糊的。我父亲当时的态度是坚决不让出我们家的土地。

但我母亲认为，争这些东西没什么意义，彼此死活不相让，很可能会造成两家人老死不相往来。母亲主张谦让邻居，也是因为在 20 世纪 60 年代，他们家人曾帮助过我们。那时我们家要被批斗了，是邻居帮着说了公道话，才使我们幸免于难。母亲说：“我们现在经济条件好了，而他们家的经济条件不如我们了，我们让让他们又何妨呢！”

古代有“一饭千金”和“滴水之恩当涌泉相报”之说，懂得感恩的人，必定是善良的人！至今我相信我母亲绝对没有听过“六尺巷”的故事，但我母亲就是那样与生俱来心胸开阔，待人恭谦礼让、包容平和。我从母亲的身上学到了谦恭宽和，我母亲就是一本无言的人生教科书。

乐善好施　大仁大爱

记得我上中学的时候，有位女生得了白血病，当时白血病无论是早期还是晚期都是不可医治的绝症，那位女生家里特别困难，学校发起了捐钱救助的活动。患病的女生不是我班的同学，我也并不认识她，我把捐钱的事情告诉了我母亲，问我母亲能不能也捐点钱，去帮助一下那位女生，当我母亲知道女生家特别困难后，二话没说，拿了 20 元钱和一袋面粉让我带回了学校。

这是 20 世纪 80 年代初的事情，20 元钱不是个小数目，那时我的班主任捐了几块钱，校长捐了 5 块。虽然我们家也不是特别有钱，母亲几乎是出于本能去做的，就本着救人一命的想法，用尽全力希望能挽救一个鲜活年轻的生命。这件事情，政府表扬了我，当时我是很内向和很害羞的，面对表扬，我跑开了。

我捐 20 块给别人，不是突发的冲动行为。因为父母的勤劳，在我小的时候，我们家比大多数家庭稍微富裕一点点，很多同学家里真的很穷的，连 8 块钱的学费都交不起，我就帮很多同学交过学费。有些同学只有一套衣服，一年四季都穿那一套衣服，而我还能经常穿些新衣服，我就把自己的衣服送给同学，我母亲从来都很支持我去帮助别人。

记得我哥哥有一次从学校回家，在路上有个老人被车撞倒，根据我哥哥平常所受的家教，一定会扶起老人的，并且把老人送去了乡镇卫生院。等到老人被送到卫生院后，这个老人拉住了我哥哥，说他自己被撞晕了，无法确定是不是我哥哥撞的，反正要我哥哥给他付生活费。

在过去，没有摄像头，无法证明不是我哥哥撞的。遇到这样的事情，家长一般都会教小孩以后不要扶跌倒的路人了，因为做好事有风险，而风险成本也很高，扶一次跌倒的路人，就有可能把几十块、上百块钱都扶进去了。但是，我母亲并没有这样教育我哥哥，而是教他以后还要继续扶跌倒的路人：“因为你这一次不扶，以后你跌倒了，谁来扶啊？”像这种事情，我哥哥就被讹过两次。

农村人少地阔，不像城里那样人来人往，所以在路上被谁撞倒了，被撞倒的人应该是知道的,因为被撞的人在被撞之前是清醒的。也许是因为太穷了，被撞了以后一两百块钱都拿不出来，就抓一个冤大头来承担了。每个人心里都有杆秤的，他们清楚被他们讹的人是帮助了他们的人。我母亲觉得做好事被人讹了，就当作做好事做到底吧，就当作是继续帮助别人，当作是做了件善事吧。就这样的道理，我母亲教育孩子吃亏了也要去扶别人，也要去做好事。

当年我母亲教育和支持孩子行善做好事，如今，我们长大了，有能力了，以感恩的方式支持母亲继续行善助人。我一直感恩母亲给了第二次的生命，是来自我对母子关系的理解。虽然我和母亲是母子关系，常言说血浓于水，但在那个年代，在一个大家族里，母亲也不是一定要救我的，我母亲对我的恩情并不仅仅是母子情缘的本能情感，更多的是母亲对生命的态度，以及她大爱大善的美德。最好的感恩和回报方式，就是支持母亲把这种大爱大善惠及他人。

全家福

如今，村上人只要得了癌症之类的大病，就会找我母亲，跟我母亲说：“能不能从你儿子那儿借点钱给我们？”我的态度就是若我母亲同意借，即使是上刀山、下火海，我都会绝对服从我母亲的。村里那些老人只要得了大病，特别是那些 80 岁以上的老人，找我母亲借钱治病，实际上都是没有能力还的。我跟我母亲商量，达成了一个共识：以前在我们家困难的时候帮助过我们的，需要借钱治病的，就一次性给他们 5 万元，不需要他们还了；那些与我们家没有过交往的亲戚、乡里，得了大病借钱的，一次性给他们 3 万元，也不需要他们归还了。

现在我们村里的左右邻里只要得了重病，就直接买了水果和两个鸡蛋作为礼物，到我家里去找老太太了。老太太就打电话给我：“你记得我们家的谁谁谁的谁谁谁吗？他现在得了重病了，想向我们家借点钱，你能不能借点给他呢？”

其实，我对母亲说的“我们家的谁谁谁的谁谁谁”一点印象都没有了，我在 20 世纪 90 年代初就已经离开家乡了，但只要是我母亲叫我帮助别人做的事情，我都会义无反顾地去做。

现实中还有什么样的教育和影响比这种教育和影响来得更真实、更有力量呢！家中有乐于行善的风气，这种家庭一定是有福气的，因为帮助别人不但需要家庭成员的大仁大善，还需要有能力，也许这就是善良与福气有关系的原因吧。

我的父亲：仁厚善真，家之福源

我自认为之所以能走到今天，能带领大家创办阜康这个企业，也是跟我的家庭有很大的关系。阜康医疗股份有限公司在西藏医疗界也算是小有成就，我之所以有今天的成绩，绝对不是因为我什么都会干。我是学药剂学出身的，不会看病，不会做手术，也没有其他专业技术技能，创业前没有药品、医疗管理方面的任何经验，我所做的，就只是带领大家一起摸爬滚打地走了一段艰苦的创业之路，给大家做好了服务和建造好了平台。我也一直在思考我小有成就的原因，我认为我做生意、做企业的天赋，或者说做生意的基因吧，应该来自我的父亲。

力大无比 家庭大梁

回想起我父亲年轻时真是力大无比！一个人可以拉一辆2000斤重的无烟煤板车，一天能行走110华里，一顿饭可以吃18个大馒头，再喝两瓶8磅的白开水。为了生计，父亲能扛起240斤重的盐包，在船运码头卸货；一个人拉着1000斤的煤上坝坡而不需要别人从后面推；插完红薯秧苗后需要挑水浇灌红薯苗，别人一个右肩膀挑两桶水，他能双肩挑两个担子，一次挑四桶水；当年挖人工河时，他一个人用板车拉土，三个人给他装土都累得受不了；抬700斤的石磨盘磨面粉，他抬一头，另一头要两三个人才抬得起。为了我母亲和姐弟三人生活得更好一些，他年轻时可没少受罪。

除了力大无穷，我父亲还是个木匠，是个手艺人，会做木工活，会做嫁妆，比如，女孩出嫁陪嫁用的大衣柜、板箱、抽屉、桌子、柜子、洗脸盆架子、双人大床、茶几和八仙桌等；他还会修自行车，像更换自行车链条，补车胎…… 在农村，我父亲当时也算是一个手艺人，我父亲是我们村的第一个万元户。我从小就给他帮忙，帮他拉锯子，我做企业启蒙，应该是那时候我父亲传递给我的。

办事公道 公而忘私

父亲做生意很公道，从不会漫天开价。遇到别人因为钱不够而压价时，父亲常常会做些让步，他会选择舍弃自己的利益而让利他人，他也告诉别人，他接受下调了的价格并非降价出卖了商品，商品的价值还是跟没降价时一样的，质量还是一如既往地好。

记得我患小儿麻痹症的时候，我父亲正在淮北挖人工河。网上有一段话，洪涝灾害，全国人民都应该感谢王家坝。每当洪涝灾害时，王家坝就转变为一个泄洪区。因为安徽的经济不太发达，洪涝时，要保住下游经济发达的浙江和江苏，就要王家坝做出牺牲。当长江水位高到一定的程度，就要挖开王家坝的河堤泄洪，王家坝几十甚至上百平方公里的农田和房屋都要被淹掉，地势稍高的房子，都会被洪水淹到二楼。王家坝离我们家只有七八十公里，因为要保下游，当时我爸爸就到那里去挖人工河去了，承担了泄洪的任务。每当遇到需要泄洪，我父亲和王家坝人民一样都毫无怨言，自觉地为他人承受了损失。

我的事业能够成功也是因为我的勤劳和吃苦耐劳，做人和做事公道，还有能承担社会责任，现在看来，这些品德应该都是受我父亲的影响而形成的吧。所以，父爱如山，父亲的勤劳质朴是家庭的福基，这种观点是很有道理的。

父爱如光 前行动力

在我看来，亲情是家风存在的基础，家庭成员之间的感情，是家风最有意义的部分。下面我谈谈我与父亲相处的经历吧。

因为早年的辛劳，父亲晚年身体非常差，经过全面检查才知道父亲心力已经衰竭得很厉害！正常人有个指标 EF（心脏射份数）在 60% 以上，他只有 24%，且有肾功能衰竭、糖尿病等疾病，根据病情，连冠状动脉造影都无法做了，医生建议只能先调理（改善）心肌功能，等身体条件改善了，再决定是否可以做冠状动脉造影。

经过和医生沟通得知，父亲这个疾病的最佳治疗时间是在五年前，也就是说，父亲的疾病被人为地拖延了整整五年，已错过最佳的治疗时间！看着父亲痛苦的样子，我真是深深地自责！这五年，正是我事业发展最快的五年！阜康医院心脑血管分院、阜康医院健康体检中心、阜康医院生殖医学中心（试管婴儿中心）都是在这五年内相继建成开业，并取得不菲的成绩！甚至还在世界海拔最高的地方成功做出了试管婴儿的医疗项目……正是这五年，我把所有的精力都放在了事业上，很少关心父母的身体，认为只要父母不缺钱就行了，才导致父亲的病达到了如此严重的程度！

父母曾经两次来过拉萨，我都没有陪过他们一天。他们身体不好了，也只是在医院简单地看了个病，全程让驾驶员杨勇、马玉和达娃陪同和接送。我甚至没仔细看过他们的体检报告，总认为单位事情重要，以后我还有时间去照顾他们。有一个办医院的儿子，父亲的冠心病竟然被拖成心力衰竭，真是不应该！我完全有条件和能力在五年前就给父亲一个合适的治疗，然而，因为没把他的病放在心上而一错再错地被人为地拖过了最佳的治疗时间！

陪伴父亲

父亲去世前的半年，我经常做一个梦，梦到父亲说他不行了，要离开我了……我害怕梦境变成现实，我才放下一切陪他到上海看病，一查病情果然严重！当晚是我陪护父亲的，父亲一夜起夜七次解小便（由于平时亲密接触太少，他甚至不愿意让我帮他用尿壶接尿）。父亲每次小便200毫升左右，按照医嘱，每次小便都要用量杯接取并记录。由于心衰的有效治疗方法是利尿，利尿又造成口渴口干和钾的流失，需要一边利尿脱水一边补钾喝水，76岁的父亲根本不理解为什么要这样治疗而且这么难受，一直在说口干和喘气困难……

我第一次深切理解到生老病死中的病是最苦的！生是喜悦、老是自然、死是解脱，只有病最是无奈和痛苦！

我们常说儿女是我们的希望，我认为现在的父母才是未来的自己！我们都会精心地呵护儿女平安和健康成长，又有多少人会精心呵护自己的父母，使他们能够有一个不被耽误病情又能安享健康的晚年生活！

如今，我父亲也走了几年了，父亲走的那天上午，他带着我母亲骑着三轮车到处溜转，还买了东西。中午时分，三轮车的电瓶有问题，他还去换了新电瓶。我给他买了汽车，他不是不想开，是想着油费太贵，就把汽车给了我姐夫开，自己天天开着三轮车载着我母亲到处跑。那天早上，他开三轮车兜了三圈。8 月的天气比较热，中午吃完饭以后，我父亲就躺在客厅里边儿一个旧沙发床上，我母亲躺在另一边。他们躺一会儿，刚吃完饭不久的父亲说还没吃饱，我母亲就给他拿了饼干，父亲吃了三块饼干，接着父亲说他口渴，我们猜想着那是因为父亲体胖而不想起来给自己倒水，我母亲也像北方的女人那样勤快娴熟，男人说要啥就拿啥东西端过去，因为平时没事儿的时候，母亲都给父亲端茶递水的，那天家里的气氛一切都如往常一样平静、正常和祥和。父亲喝了一口水，说水太烫了，就放下了，然后咳嗽了三声，就走了……父亲是因为心脏衰竭去世的。

我和父亲母亲

父亲去世后，我心内科介入手术室的建造提上了日程，也许，这是我父亲留给我的遗憾和给我这个做儿子前行的动力吧。

家风之悟：孝养德，诚感物

在我们县城，我是第一个给父母买房子的，当时买了一套带小院子的公寓。我特别希望老人家能跟我一起住的，但是老人家却希望有自己的自由空间，并不想跟孩子们住在一起，他们就一直住在老家的县城了。我也想在老家建一幢房子，但我父亲一直想省钱，我也一直在忙，所以一直都没建。直到我父亲去世的那一年，我花了一年的时间，终于把房子建起来了。房子建好后，我用父母的名字给房子起了个名，叫“东兰”，以示敬意。我父亲的名字叫王卫东，母亲的名字叫计桂兰。我在房子门口写了一副对联“感物之道莫过于诚，动天之德莫大于孝”，权当是刻在家门口的家风吧，希望用做人做事的“诚”和“孝”来不断教育自己和后人。

给父母新建的房子

我们老家的人，知道我的企业做大了，就把我们老家的道路啊什么的都叫我修，连路灯杆坏了都叫我去修理，要铺草坪了，也都是叫我出资去铺的。也许，为家乡发展的公益做得稍微多了一点点，想认识我的人也就多了。我每次回老家，总是有不少人请我吃饭。在我老家，找个地方吃饭，花个千儿八百块钱就可以的了。有一次,我了解到有一个要请我吃饭的人对母亲很不孝，我就拒绝了他的邀请。在交朋友方面，我有一个原则，就是对父母不孝敬的人，我是不会和他做朋友的。

古人云："孝者，百行之本。"从生理学角度讲，父母就是我们生命的本源，"孝"就是对父母的一种怀念，对自我本源的一种怀念。子女是在父母的关心爱护和无私奉献下成长的，如果对于父母的这种巨大恩惠不思回报，那就是忘恩负义，就是罪人，也就不可能做好其他任何的事情。因此，孝道不是可有可无的。不思父母的大恩大德，却说什么滴水之恩当涌泉相报，那都不过是谎言而已。《孝经》有说："不爱其亲而爱他人者，谓之悖德；不敬其亲而敬他人者，谓之悖礼。""孝"作为一种亲情，蕴含着父母养育未成年子女的责任和子女赡养年老父母的义务。这种责任和义务关系既不是契约关系，也不是任何意义上的等价交换，而是亲情的自然产物，是一种不可推卸的道德责任和义务。事亲行孝，历来是做人的根本，是一个人向自我的初心和本源的回归。

小时候的我是很乖的小孩儿，从不跟别人打架，不会做那些调皮捣蛋和出格的事儿，几乎就没让父母操过心，因此母亲从来就没有责罚过我。在我的成长过程中，母亲明确告诫过我的，就是不能做骗人的事情，为人要诚实。我想，诚实厚道，其中也包括了忠实于自己最原初的东西。不欺骗别人，也不欺骗自己。

我本人的性格是很内向的，并不善于人际交往，后来迫于要做企业了，只得逼着自己出去跟人交流了。为了克服天生的内向性格，我只能自我暗示自己是外向性格。直到现在，都很少主动去跟别人交朋友。只有确实有事情要找别人办，或者别人有事找我办，我才会积极主动与别人联系。我平时也很少给别人发短信，也没有经常给别人打电话的习惯。但只要互相认识，哪怕间隔三年、五年、十年、二十年，只要我们曾经认识过，曾经打过交道，你再找我办事，我也不会因为我们的身份变了，就跟以前不一样了，我不是那样善变的人。

好多领导都说："王斌除了逢年过节之外，平时短信电话都没有，但是你会发现，10 年了，他还是那个人。你叫他去办啥事儿，他还是很爽快地、很热情地去办事。"

也许，我就属于那种对自己很忠实，不善变的那种人吧。我想，那种早上发"早安"、晚上发"晚安"，发完不记得自己发了什么的那种善变的人，跟我不是同一类型的，这也是我不愿意发短信、打电话和点赞的原因。不欺骗别人，也不欺骗自己。

和生爱，严有规，慈而宽

我觉得找爱人一定要找品德高尚的，外貌是次要。我爱人刘晓虽然不算高，但初次见面，我就觉得这女孩很自尊和自爱。那时，我有一辆摩托车，我用摩托车带她回家，她坐在后面并不用双手抱紧我，而是用一只手拉紧我的衣服，不让自己掉下车，见我的衣服被风吹开了，怕我冷，用另一只手帮我不断地拉紧被风吹开的衣服。这一次见面，我就知道这女孩懂得礼貌和分寸，也懂得照顾别人。

几十年夫妻难免有磕磕绊绊的时候，夫妻间总会因为意见不统一而闹矛盾，一般情况下，都是我让步结束争吵。但有一次，我坚决不让步了，我选择了在车里过夜。为了证明我在车里，我把被子放在后备厢，把衣服挂在车窗上。白天我和刘晓依旧在药店工作，晚上我就把车开到药店门口住在车内，就这样过了三天。夫妻闹矛盾不能选择住酒店，这是忌讳。住在车里的三天其实挺不好受，空调也要关闭，而且两人都在气头上，睡在车里也辗转难眠，那一次我坚决不让步。到了第三天晚上，突然下起了雨，我看见车前面站着一个人，我开灯一看，是刘晓，我想她也难以启齿认错，就一直站在雨里，那一次闹矛盾，还是我妥协了。

我和妻子

有一次我跟父亲聊天，父亲详细地询问了我自己医院的很多事情，包括医院有多少人，有多大规模，一年多少病人。连续三小时的聊天都是以他说、问，我回答为主，偶尔他也会讲一些他年轻时的故事，以表示他年轻时也很能干。聊到最后，他甚至帮我分析了我为什么能够成功，我很有兴趣地听着。他面带笑容，卖了个官架子，说：你小子有福气，娶了刘晓这个穆桂英才有今天的。（老爸喜欢听戏，特别喜欢听《穆桂英挂帅》）父亲一直感叹我爱人刘晓的能干。我爱人作为妈妈，把三个小孩管得学习好又听话，把家里打理得井井有条，还会开汽车，做饭做菜都很好吃。每次春节回家的两个月，她都是亲自下厨做饭做菜，我父母都会胖十斤八斤的。父亲果然厉害！对我能够成功的分析一下子就说到点子上了，他和比尔·盖茨、巴菲特接受美国电视台（CNN）记者采访时回答“为什么能够成功”的回答几乎一模一样！记者问及他们这一辈子做的最重要的一件事是什么时，他们俩不约而同地说：娶对了一个好太太。我能有今天的成绩更是如此。

相濡以沫

我爱人教育小孩有自己的一套方法。直到现在，我爱人为管教小孩还真的挂了一把戒尺，但那把戒尺也就用过几次。那把戒尺平时被小孩子藏了起来，藏在一个我们都找不到的地方，但如果哥哥犯错了，弟弟马上就把戒尺拿出来。如果是老二犯错了，哥哥也会马上把戒尺拿出来。小孩也是挺有意思的，想着：我上次犯错被惩罚了，这次你犯错了，也轮到惩罚你了。这时候，做妈妈的，打还是不打呢？当然会打。当然，也不是狠狠打的那种，就是象征性地打打屁股，虽然打得不重，但那个仪式感还是需要的，就是惩戒一下吧。这把戒尺也确实在教育小孩中起到了惩戒的作用。

孝顺的儿子

我给三个小孩立下规矩：每年他们生日的时候，三个小孩都要给妈妈下跪叩首的，因为孩子的生日是母亲的受难日，这个规矩是要他们懂得感恩。到现在，他们妈妈生日的时候，三个孩子也都会齐飒飒地给他们妈妈下跪叩首，祝他们妈妈生日快乐，孩子们每次下跪叩首都会引得妈妈哈哈大笑，长期的辛苦劳累，在这仪式中也都化解和消失了。

孝顺的儿子

我觉得，孩子是需要正确引导的。到现在，几个孩子的感情非常好。平时我们在家的时候，做哥哥的也不是事事都很沉稳老练，就像个小孩一样的，但我们不在家时，他就像一个小大人一样，把弟弟妹妹管得老老实实的，很有男子汉风范。

家风之力：感恩的力量，梦之摇篮

我总认为，从家庭走向社会，从小我走向大我，都是与家庭对自己的影响密切相关的。家庭是理想种子的培育之地，社会是理想展开的舞台，家风是实现理想的动力源泉。

家风伟力 信念之基

小时候体弱多病的我经常去村里的小诊所看病，所以对病痛有着深刻的理解，有一年生病打针打怕了，于是每当走到诊所的围墙外，屁股都条件反射地跳着疼……直到5岁那年得了一场大病——小儿麻痹症险些落下残疾，才感觉医生真是太伟大了！从那时起我就梦想着长大以后一定要当医生！这也许就是最初的发愿，所以从那之后不管干什么，条件再艰苦，只要想到自己的梦想还没实现就又信心百倍勇往直前！

相亲相爱一家人

从1990年到1999年，我辗转于新疆、江苏、西藏打工经商，积累经验和资金，终于在

1999 年 9 月 4 日，做成了一件与梦想有关的事情——开办了一家药店——“西藏财通中西大药店”（那时私人不能开药店，须挂靠事业单位，当时挂靠西藏自治区财政厅），并在三年之内开了三家分店。在缺医少药的 20 世纪 90 年代开药店是没有竞争的，利润高，风险小，但总觉得还是没实现自己的梦想，直到 2005 年 4 月 28 日创办西藏第一家民营医院——西藏阜康医院，才换了种形式完成了自己治病救人的梦想——当不了医生就请医生和自己一道来完成！

再后来，我的梦想一个又一个实现了：2009 年 7 月 7 日“阜康妇产儿童医院”开业，2013 年 8 月 18 日“阜康医院心脑血管分院暨阜康（国际）健康体检中心”相继悬壶济世……2015 年 7 月 16 日将迎来西藏“阜康妇产儿童医院生殖医学中心”验收，一旦成功又将创造一个新的历史！世界海拔最高的试管婴儿中心成立……

梦想还是要有的，万一实现了呢！

真是应了一句：人生要有梦想，生活才有意义！你的梦想实现了吗？如没有请不要放弃，请相信你的坚持终将美好，因为没有人能剥夺你的梦想，除非你放弃自己的梦想。

幼吾幼，以及人之幼

有人问我既然开设儿科门诊和住院病房风险大又不赚钱，那为什么非要在医院设个儿科呢？是呀！难道做民营医院不应什么赚钱做什么吗？只要按章纳税，似乎也无可厚非。

究其原因，回到 15 年前，当时我大儿子王泽冉刚出生，由于他从小体弱，5 岁之前经常感冒，往往夜里发高烧，每次半夜送他去看急诊，都会被值班医生训斥，往往辗转几个医院或门诊才能治好他的感冒，且就医条件很差。

那时我就在想如果将来我能开家医院一定开设儿科，出资请最好的儿科医生和护士来守护我们的后代。这也让我想起，说评价一个国家是否发达并不是看路修多宽、楼盖多高，而是看国家和政府如何善待妇女和儿童这个弱势群体。

由于儿科医生在全国都紧缺，在拉萨很多公立二、三级医院都没有儿科，更不要说民营医院了，在大家都在寻找能赚钱的医疗美容、产科、心脏介入等专科医院时，只有省级专科儿童医院在政策的大力支持下才得以勉强生存。省级以下的儿科大都是医院的政策倾斜和重点扶持科室，可以挣到些社会效益，却很难挣到经济效益，这就是各地都有很多妇产医院，却少有妇产带“儿童”的医院的原因了。

尽管开设儿科不赚钱，但总得有医院做才行，否则我们的儿女有病了到哪里看病？这就是我非要坚持在医院开设儿科的原因吧。

母之大善，成就大我

如果说我创办医院和药店还是我个人的事业，那么，我热心的公益事业，是我母亲的大善使我走向了大我。我不知道如何描述母亲的大善成就的大我是怎样的，下面我就用我所做的一点公益的成绩单，来说明家风的力量，说明家风对社会的意义吧。

秉承“发展不忘公益事业、民营不忘社会责任”的理念，多年来公司致力于助医助学、助贫助困、抗震救灾、免费义诊工作，先后参加“5·12”汶川抗震救灾，“4·14”玉树抗震救灾，阿里包虫病筛查，嘉黎县夏玛乡卫生院援建，与川大华西第二医院心血管中心联合救治先天性心脏病患儿，新型冠状病毒联合抗疫、捐款捐物等公益活动。

2017年公司积极响应国家号召，与那曲嘉黎县、比如县、班戈县人民医院建立医联体帮扶，对帮扶的三家县医院进行线上线下技术指导、人员培训，开创了民营医院帮扶县级人民医院的先河。与此同时，公司还积极参加了西藏自治区党委政府号召的“百企帮百村”活动，投资600万元援建了那曲嘉黎县夏玛乡卫生院，充分发挥了“民营企业发展不忘回报社会”的宗旨，主动为西藏的医疗卫生事业贡献出阜康人微薄的力量。

2012年12月8日，阜康创办了“阜康天使基金会”，我和爱人刘晓每年向基金会注资人民币200万元，用于助医、助学、助困（看不起病的患者、贫困大学生生活费和人均生活水平低于社会人均生活水平的家庭）。截至2020年月，西藏阜康天使基金会共支出1676207.23元，支出主要包括助困

491591382 元、助学 321230 元，助医 205128 元、义诊 26295741 元，并向拉萨市民政局慈善超市和中生物多样性保护与绿色发展基金会捐赠共 30 万元。基金会持续资助人数累计 877 人。其中，助医 465 人、助学 311 人，助困（贫困家庭及资助患者买衣物等）101 人。

为了更好地服务于西藏老百姓。2017 年 3 月 7 日在“西藏自治区志愿者总会”的支持下，公司成立了“阜康雪域天使志愿者服务队”，主动为患者朋友在就诊过程中提供帮助。截至目前，阜康志愿者服务队共有队员 347 名，注册人员 137 名，提供志愿服务共计 1162.5 小时，服务患者朋友近 6 万名，各项资金投入达到 120 多万元。

为了让偏远地区患者、贫困患者、西藏老年患者也能享受到医疗保健服务,2015 年 8 月 25 日成立阜康医院流动“义诊组”（由一辆救护车、一名医生、一名护士、一名驾驶员组成），一年四季奔波在拉萨七县一区（最远去过那曲市班戈县、比如县、申扎县，日喀则市拉孜县、扎西岗村，为农牧民、驻村干部、寺庙僧侣、寺管干部等）免费义诊、健康宣教。16 年以来，阜康医疗捐款捐物累计已超人民币 3300 万元，发展不忘社会责任。

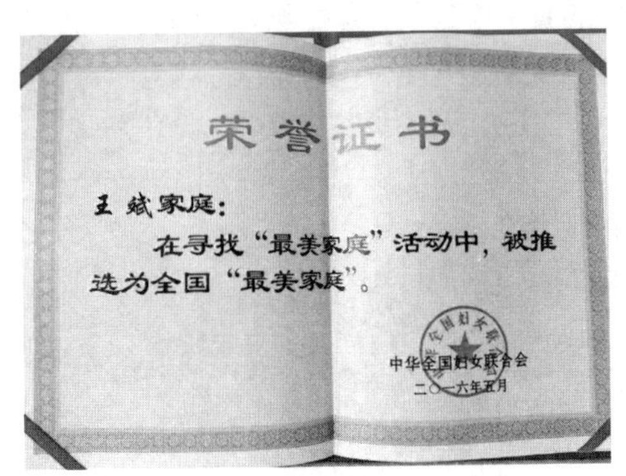
荣誉证书

王斌家庭：

在寻找“最美家庭”活动中，被推选为全国“最美家庭”。

中华全国妇女联合会
二〇一六年五月

获全国“最美家庭”荣誉

这些年，国家也给了我们很多荣誉，2020 年，给予了一个全国劳动模范的名额，我把它让给护士长索珍。我爱人也是西藏三八红旗手，她把这个名额让给了一个副院长。我们还获得全国“最美家庭”称号。西藏居民家庭中，获得全国“最美家庭”的有 27 家，汉族只有 7 家。我们的努力，人们总是看得到的。我相信，只管努力，但行好事，莫问得失，上天自有安排。

获全国"最美家庭"荣誉

我总结家风的影响是：良好的家风养育个人，有益个人和社会。我们应该大力弘扬每个家庭的良好家风，为社会的良好风气做好自己的本分，出一份力。

第六章　行正道 做正事 为正人

魏红杰口述，晋利撰稿

魏红杰，贵州省政协常委，民建贵州省委常委、贵州省企业联合会副会长，华商书院全国校友会创会常委，华商书院贵州校友会创会会长，长江商学院贵州校友会常务会长，正和岛贵州岛邻机构终身名誉主席，博鳌儒商标杆人物，2019年贵州省十大新经济领航人物，改革开放40周年贵商风云人物，贵州希望工程“爱心大使”，贵州“十大杰出青年”，贵州吉源实业集团董事长，中国汽车摩托车运动联合会理事，贵州省汽车摩托车自行车运动协会会长，国家体育总局中国汽车联合会教官，中国汽车拉力赛五度冠军。

我是魏红杰，我理解的家风，就是在你成长过程中所处的家庭环境对你的熏陶，有时候是说出来的话语，更多的时候是父母、长辈以身作则、身体力行对你的影响。在我的成长过程中，祖母、父母亲、姑姑姑父都对我影响深远，他们教会我行正道、做正事、为正人。

祖母：勤劳朴实 教子有方

我印象中的祖母是个非常独立坚强的人。她是祖父的第二个老婆。大奶奶留下了三个女儿，在我父亲还不到1岁时，祖父因意外去世。祖父是家里的支柱，唯一的经济来源。祖父离世，剩下孤儿寡母五口人，生活的艰难可想而知。在十分艰苦的条件下，祖母硬是靠着给别人洗衣服、缝补衣服，独自养活了四个孩子。

由于洗衣服手要长时间在水里浸泡，而且冬天家乡的水刺骨冰冷，祖母的手严重变形，并伴有严重风湿，手指关节非常突出，一到变天，手痛到无法忍受。即便如此，祖母一件事都没耽误，对四个孩子都视如己出，一视同仁，照顾周到；她不单对自家孩子照顾，对邻居们也是能帮就帮，照顾有加。

因为是孤儿寡母，祖母越发希望孩子们有出息，她要孩子们生活不论多艰难，必须行正道。祖母非常勤快，她终年无休，而且即使在忙碌中她还把屋中庭院里里外外收拾得清清爽爽。桌椅家具都是旧的，但是她始终让它们一尘不染。我父亲和姑姑们的衣服，虽然是小的接大的，一个一个“接力”穿的，甚至是打了补丁的，但是无论什么时候，衣服都是干干净净、整整齐齐的。祖母在做家务的时候，只要姑姑、父亲有空，都是跟在后面，主动帮忙。有了奶奶做事的样板，孩子们都有样学样，做事也是有条不紊、清清爽爽。

我觉得我的勤快，肯做事、会做事，甚至凡事都有点追求完美，都是受祖母及父母、姑姑的影响。到现在有些刻在骨子里的习惯，都是小的时候在祖母的严格要求和管教下养成的，比如心里一定要装有他人，一定要对人好；吃饭要中规中矩，长辈不上桌，饭菜不能动；吃饭不能敲碗碟，不能吧唧嘴，不能在菜里翻来翻去，吃完饭离桌前要打招呼等，这些优良传统已经深入骨髓。

父亲：勤劳正直，清正廉洁

我是 1970 年生人，在那个全民“鼓足干劲，力争上游”“自力更生，艰苦奋斗”的年代，父辈都是觉悟相当高的事业型人才。他们的勤劳正直、积极进取，他们的孝敬父母、关爱子女，他们对工作、生活、家人的态度，都深深烙印在我的身上，给我追求事业、追逐梦想的力量。

2012 年我的父母亲

父亲：为照顾自己的母亲，放弃梦想

我的父亲生于1944年七月初七，幼年和祖母及三位姐姐（我的姑母）相依为命，过着艰苦的生活。随着时光的推移，三位姐姐相继出嫁，当时我父亲初中刚毕业，由于家庭经济困难，只好辍学打零工帮助祖母维持生计。

青年的父亲一表人才，身高一米八，英俊帅气。当时空军部队到地方征兵，父亲报名被选中，高高兴兴回家告诉祖母喜讯，却遭到反对。因祖母是战乱年代过来的人，不想再失去家中唯一的男子汉。父亲是一位懂事孝顺的儿子，如果他应征去了部队，祖母就完全没有了依靠，父亲思前想后，放心不下自己的母亲，最后决定留在祖母身边照顾她。

承担家务 照顾岳母 无怨无悔

我的老家是古城水乡镇远，那里有水运码头。20世纪60年代初，县林业部门伐木场招工，当时为了生活，父亲就去了伐木场成了场里的一名工人。工作后认识了我的母亲，婚后生下了我们兄妹三人。

青年时的父亲热爱生活，积极上进。他既聪明又好学，由于工作表现突出，后来从乡镇调进县林业局，通过自学成了单位的一名会计。父亲虽是干部身份，但那个年代薪水很少。母亲单位是计件工资，做越多工资越高，于是父亲主动承担起了全部家务，让母亲安心在厂里做工，这样工资可以多拿两三倍，家里生活才没那么窘迫。

天有不测风云。在我上小学时，年迈的外祖母不小心摔断了腿，父母竭尽所能地为外祖母四处求医，却终因年岁过大不利于恢复而长年半瘫痪在床。

父亲把外祖母接到家里，承担起了照顾外祖母生活的重任。每天父亲上班前，先给外祖母洗漱完毕，然后把早餐送到外祖母手中，安顿好吃喝才出门上班。父亲下班回家的第一件事就是去外祖母房间问安，问外祖母想吃什么，然后下厨房做饭。为了不让外祖母在家感到孤独和烦心，父亲尽可能让家中的其他亲戚或者邻里有时间就来家中和外祖母聊天解闷。父亲时常教导我们三兄妹要好好照顾外祖母，了解外祖母有什么需求，并要及时给大人反馈信息，以便更好地照料久病卧床的外祖母，让她老人家的晚年生活过得开心愉快。

互相扶持 相濡以沫

那几年母亲没日没夜加班工作，因操劳过度，身体透支，患上了严重的十二指肠炎，胃溃疡出血严重，还有类风湿关节炎等疾病。母亲病倒了。当时县里的医疗条件非常差，我们的家庭经济也很困难，家中还有瘫痪在床的外祖母，还有需要照顾的三个孩子。家庭的重担一度全落在了父亲的肩上。父亲没有被困难压倒，而是毅然在处理和安排好家中事务后，向单位领导借了几百元钱（20 世纪 80 年代初），带上母亲前往遵义医学院接受治疗。由于治疗及时，在父亲的精心照料下，经过一段时间的疗养，母亲的病情慢慢好转。

2018 年父母到抚仙湖旅游

寄予厚望 谆谆教诲

父母他们最遗憾的是没读多少书，没有多少文化，所以，他们不管多苦多难也想办法让自己的三个孩子多读书，今后在社会上才有出路，才能成为对社会有用之人。小时候的我特别顽皮，可以算得上大人口中的“惹祸猪鞭子角色”（惹祸精）。在学校，我的书包和课本经常丢失，一个学期总要换上几个书包和几套课本。平时想上课就上，不想上就逃学，然后翻墙出去摘桑叶喂养蚕宝宝，喂好蚕宝宝拿去学校卖给同学，有了钱就去买美人杯，下课装水给同学们看，看一眼两分钱。从小我就有经商头脑，在学校小生意做得还可以。但在学校惹祸的毛病总爱犯，学习成绩又不太好，三天两头被老师请家长，父母经常去学校被老师训责到抬不起头。

11 岁那年，父亲决定把调皮的我从镇远送到当时教育资源较好的六盘水姑母家去历练学习。当时我一百个不愿意，几次流着眼泪向父母求情，最终没能熬过心意已决的父亲。我依依不舍地踏上了去六盘水的火车。父亲每个月从他仅有的 80 多元工资中拿出 45 元给我按时寄去做生活费。他时常写信教导我要认真学习，在学校要尊重老师，团结同学，不要辜负姑父姑母的栽培，今后有了出息一定要好好回报姑父姑母。每个学期开学、放假，他都会准时来接送我，这也是我最开心愉快的时刻。直到我在水城工作后他也时常来看望我，和我交流一些工作经验、做人做事的原则。这些书信和父亲的教诲，是我成长路上的灯塔，每当我失意、失落或者遇到挫折的时候，都会想起父亲的书信和谈话，父亲的谆谆教诲给了我前行的勇气和动力。

秉公办事 清正廉洁

父亲是能力很强的人，他生活、工作两不误。在家，父亲承担了家里的一切。在林业局，由于踏实稳重，积极进取，父亲后来晋升为木材公司经理。木材是资源型产品，在计划经济体制下，很多人求他们多给指标多买木材。父亲一直是铁面无私，秉公办事。有一次，一位采购员为了得到照顾，偷偷放了一个信封在父亲的包里。回到家，父亲才发现这个多出来的信封，里面还有几百块钱。后来父亲特意找了一天，请那位采购员来家里吃饭，他亲自下厨，热情地招待了他，吃完饭还把信封原封不动还给了他。对那个时候我自认为还不够宽裕的家庭，那是一笔可观的收入，但是父亲毫不为之所动。

我记不清楚是哪一年，父亲所在林业局木材公司需要组建一个木材加工厂，由父亲全权负责加工厂的生产经营。有一次，工厂按照厂家需要把原木加工成托板，加工好以后，再由镇远县运到贵阳买家那里。后来我才知道，原木加工完成后再运输过去，利润是非常可观的，一车的差价将近 1 万元，这个数字在那个年代简直是天文数字了，但是我父亲从没有以权谋私过。对于这些“稍稍动动脑筋”就可以得到的钱财，或者哪怕是他经营过程中可以正常报销的接待费用之类，他也从未动过心思。

父亲 78 岁生日时全家福

我的父亲就是这样一位平凡之人，从我幼年时期，父亲高大、帅气、威严的形象已在我的脑海里根深蒂固。他在思想上做到廉洁修身，工作上做到廉洁用权，生活上做到廉洁齐家。我从父亲的身上看到了一个男人对工作的尽职尽责，对家庭的责任和担当，以及父母几十年来勤俭持家、互敬互爱、相濡以沫的优良家风传承。是父亲教会我行正道、做正事、为正人。

母亲：乐业奉献，胸怀大爱

和我接触过的人都很好奇地问我，你的事业好像没有尽头，一段时间没联系你，再看你的动态，就会发现不是你又有了新的身份，就是你的事业又有了新的拓展。确实，我不断地奔忙于事业中，不断让自己有新突破，而这种停不下来、对事业永无止境的追求，来源于工作狂的母亲对我的影响。包括我现在从驾培领域扩展到以康养为主的置业领域，也都是受母亲健康理念的影响。

我与母亲 （2021 年母亲节）

勤恳工作 兢兢业业

我的母亲勤劳、善良，在当地一家民族绣品厂工作。外祖父母原本就是裁缝，所以母亲从小对做衣服很有天赋。那时单位每个月按计件发工资，母亲为了多挣点钱添补家用，在厂里不分白天黑夜加班加点工作。再加上她又是个十分好强的人，特别能吃苦，手巧又勤奋，从普通员工干起，努力踏实，后来当上了车间主任，管理车间的几十号人，责任重大。

那时候，工厂一般是两班倒，早班 6：00—13：00，午班从 13：00—21：00，作为车间主任，必须是多面手。母亲要给大家协调早、午班的班次分配；遇到车间的机器坏了，小问题自己维修，大问题要协助维修师傅搞维修；遇到有员工请假，她还得顶班；那时候工作任务下达后，必须完成，哪怕停电了，也要等到来电再补足上班的时间把任务完成。所以，在我的印象中，母亲就是个工作狂,工作上没有什么事情能难住她。我们在家里几乎见不到她的身影。小时候，我和哥哥放学后，家里经常没人，我们就去母亲单位找妈妈，经常看到她跑前跑后，忙个不停。她说：“这是工作啊，是工作就要认真负责地做好呀。”话语那么朴实，却掷地有声！

万事可忙 身体第一

由于工作时间关系，母亲一般带午饭去单位吃，我还记得那种装饭菜的铝合金饭盒。但是她一忙起来经常没办法按时吃饭，所以，从那时候起母亲就落下了胃痛的毛病。后来很长时间她都一直被病痛折磨，导致了严重的胃溃疡出血。由于生病，影响到她的正常工作，对十分要强的母亲来说，这是十分要命的事。或许正是出于这个原因，母亲对我们的健康问题特别紧张。她总说：身体是革命的本钱，有啥都不能有病啊！但我们小的时候，哪里明白这话的含义，反而时常做些让母亲操碎心的事。

我出生在贵州省黔东南州镇远县。现在镇远县舞阳河已经成为风景名胜区，那时候，舞阳河还是一条小溪流，河堤直接通到路边家庭，非常亲民。不过河道里碎石、玻璃碴子什么都有。一到夏天天气炎热的时候，那里就是我们男孩子的天堂，在水里嬉戏打闹、游野泳，开心得不得了，我们经常乐不思蜀。我在河里游泳玩耍的时候，经常不小心被河道里的玻璃碴子划伤脚，回家后妈妈发现我脚上有划伤，她都心疼不已，煮饭的时候会多煮一个鸡蛋给我吃，算是给我补充营养。后来我发现每次划伤脚都会有鸡蛋吃，于是，有一次，“狡猾”的我看到一个碎了的啤酒瓶的底部，我想如果被这么大的物件伤到，是不是可以有好几个鸡蛋吃啊！我一狠心，把脚用力踩了上去。那真是钻心的疼，脚底圆圆的一圈，伤口参差不齐，流了很多血。回到家给妈妈看，结果我非但没有吃到鸡蛋，反而结结实实地吃了一顿毒打，可以说被打到半死。我不清楚母亲知不知道这是我故意的，但是我知道了我们不爱惜身体的后果。她饱受病痛折磨，知道健康的重要性，她希望我们都能倍加爱惜身体，健健康康。

三兄妹与母亲（在母亲 70 岁生日时合影）

姑父姑母：严格要求，宽厚仁爱

在我成长的过程中，三姑母和姑父对我影响也极大。

三姑母是当地纪检干部，姑父是当地公安局局长。到了三姑家，我看着姑父那一身警服，再加上人生地不熟，我之前在父母身边的任性和顽劣之气收敛了不少。

可是，真要收心学习，还是有难度的。原来在家乡读书时，书包经常丢得找不着。现在在三姑家，按照他们家的规矩，孩子们每天早上起来读书、背书。我也要按照这样的要求做，可是我都没认识几个字啊，所以只能装腔作势。但是我的这点鬼把戏怎能骗过我当警察的姑父，他很快识破了我的把戏，让我单独背诵，我常常被考得下不来台，死要面子的我只好在学校稍微用心起来。身为警察的姑父教训起人来很严厉，所以我尽量规范自己的言行。当然我做得过分的时候，姑父除了批评我，也对我动过手。虽然那时候觉得很委屈，但是现在想来，觉得“油盐出好菜，棍棒出好人”这话还是有点道理的。

奶奶教育子女要对人好，姑母和姑父更是典范。姑父是警察，出于为人民服务的职责，他对身边的老百姓是有求必应，并且公道执法，努力为老百姓伸张正义，所以姑父的口碑和声望都很高。

三姑母和姑父的责任心很强，他们自己本来有四个子女，加上我，再加上姑父的两个侄子，姑姑和姑父要养活七个孩子，而且孩子们都在茁壮成长期，正是“半大小子，吃穷老子”的年龄。姑父姑母虽然工作单位不错，工资有保障，但也并不宽裕。所以，我一直想早点出来参加工作，自力更生，也可以减轻姑父姑母的压力。

在姑父姑母身边，我从懵懂少年，开始走向成熟。我端正了做人的态度，在长辈身上学到要认真做人、踏实做事。在姑母家几年，让我见多识广，心智得到了很好的发展。这些为我后来事业的发展、在商海中搏击打下了坚实的基础。

家风之力　开启梦想

一代人有一代人的使命，一代人有一代人的活法。父母那一代人，在一个工作岗位上，精耕细作，为了一份革命事业可以奋斗终生。我们这代人赶上了好时候，国家的改革开放政策，让市场越来越灵活，我们可以走出单一的模式，在不同领域发挥专长，寻找机会为社会做贡献的同时实现自己的梦想。但不管我在做什么，我始终铭记父母、长辈对我们的教诲：行正道、做正事、为正人。

我初中毕业，恰好赶上六盘水市煤炭局招工。由于我身体健朗，人也灵活，通过报名招考，我被招进了煤炭局，分配在检查站工作。我非常珍惜自己的第一份工作，所以干起活来非常勤快，又由于我年龄最小，大家也对我关照有加，让我的进步特别快，年纪轻轻就当上了副经理、经理。20 岁出头时，煤炭局内部改革，组建煤矿局多种经营公司，煤炭局让我分管多种经营公司，管着几十口人，做各种物资贸易。我们干得风生水起，很快我被提拔为煤炭局的副局长。在我事业巅峰时刻，我做了一个全家人反对的决定，辞掉当时所有人羡慕的“金饭碗”，放弃最年轻的处级干部身份，下海经商！

我从公务员序列出来，想买一辆大货车跑煤炭的运输。我记得当时要买一辆一般的货车至少需要 3 万元，在我到处筹钱的时候，并不支持我辞职的父亲，来到六盘水找到我，给了我将近 2 万元。我知道这应该是当时我们家的所有积蓄了，这让我意外又感动。都说父爱如山，关键时刻，他是我坚强的后盾和依靠。只要是做正事、行正道，父亲就无条件地支持我。这段时间，父亲时常来看望我，和我谈工作，谈生活，父亲告诉我，年轻人做事一定要脚踏实地，不能好高骛远，必须低调做人，高调做事。

跑运输这是纯体力活，想要赚钱，必须是起早贪黑。那时候我每天天不亮就起床，从早上 5：00 开始出工，一般要干到 23：00 才收工，每天只睡五小时。有时候拉着货，因为爆胎，不得不把车停在路边换车胎，巨大的轮胎需要拧巨大的螺丝，常拧到我哭，非常无助。那种艰辛，是我现在都不堪回首的。

在我有畏难情绪的时候，母亲的话会突然出现在我脑海："这是工作，是工作就要认真负责地做好。"是啊，这是我自己选择的工作，再苦我也得坚持到底。我想我那时咬着牙坚持下来的动力也源于此。

那时候，我就是想实现财务自由。我每天和时间赛跑，开着车拉货，到达目的地卸货，每天有使不完的劲。从跑煤炭运输，到后来经营木材贸易，用了几年时间，也是通过我的勤奋努力，我竟然成为西南地区最大的木材经销商，还成立了贸易公司，进行木材的加工和贸易。

都说"有其父必有其子"，我从父亲身上学到了做人做事的原则，从母亲身上学到了她工作时"拼命三郎"的劲头和她的"要做就做到最好"的高标准。

在我成为西南地区最大木材经销商的时候，我有了更多的精力和时间去思考我的梦想。我记得在 1985 年我 15 岁那年，从姑母家的电视看到了首届"555"港京（香港—北京）汽车拉力赛。赛车的场面深深吸引了我，那汽车发动机轰鸣的声音、那飞沙走石的速度与激情，让我热血澎湃，那是我第一次看到赛车，知道了赛车运动。谁承想，在那时已经在我心里埋下了一颗种子，时机成熟时，它会破土而出。

1999 年底，中国汽车运动联合会在昆明有一个赛车培训班，三天的培训让我拿到了一个赛照。2000 年，中国汽车拉力赛在贵州铜仁梵净山举办，我用我自己的一辆桑塔纳轿车稍稍进行了一点改装，凭着多年驾驶经验和一点点赛车培训所得，鼓起勇气报名参加了比赛。经过三天的比拼，我竟然获得了国产车组的亚军。对我而言，显然是出乎意料的，更让我惊喜的是，从此我找到了我人生新的方向。

因梦而生 为伟大而来

一个没有梦想的生命是不可能有激情的，一个没有激情的生命你要他干吗？ 15 岁时听到汽车马达的轰鸣声让我热血沸腾，直到 30 岁，我跨入了赛车道！在赛车里，在赛车道上，我血脉贲张，我感觉我的血液就是汽油做的，它一直在燃烧，让我勇往直前，永不放弃！

2000 年我去北京车展，去挑选真正的赛车。我当场买下了三菱展台上的 EVO 六代拉力赛车。为了买这辆车，我再次不顾家人的劝阻，义无反顾地卖掉了我辛苦多年创建的、正在成长期、上升势头良好的木材贸易公司。我希望走上专业的赛车手之路。2001 年，我组建了贵州省历史上第一支汽车拉力车队。

赛车是个烧钱的运动。在参加各种培训、训练、组建车队带队比赛的过程中，我深知，要实现我的赛车梦想，必须有坚强雄厚的经济后盾来支撑。我一直记得家里长辈对我的教诲，要行正道、做正事、为正人。我既然和汽车结下了不解之缘，现代社会，车辆越来越多地成为人们的代步工具的时候，安全驾驶显得尤为重要，我想培养安全驾驶员是造福社会的事情。如果把自己的梦想和事业结合起来，实现自己梦想的同时达到事业的巅峰，那岂不是最幸福的事？！思路清晰后，我开启了从商贸公司到汽车驾培事业的大跨界。

2000 年，我来到贵州文化政治经济中心、贵州省会城市贵阳。2001 年，我成立了吉源实业发展有限公司，在一路摸索和探寻中，逐渐寻找我的目标。从收购一个濒临倒闭的驾培学校开始，通过几年的努力，建成一个在贵州软硬件条件都一流的驾校。2006 年，我的业务继续拓展，建成了包括汽车超级赛道、赛车手培训场地、安全驾驶培训场地、汽车驾驶培训场地的吉源汽车公园；2013 年，在前面事业基础上扩展，建成了 20 万平方米的汽车驾驶训练考试场、6 个按国标建设的科目二训练考场、贵州唯一场地内道路（科目三）训练考试场，还有唯一大、中型客车、货车驾驶人考试场，成立了融普通驾训、安全驾训、赛车手培训为一体的驾驶培训学校。

母亲对我的教诲“要么不做，要做就做到最好”指引着我，家人的“宽厚仁德、胸怀大爱”告诉我，多为他人着想，多为社会做一些贡献。我们秉持着“一群人、一辈子、一件事，立志做成中国驾培业的清华北大”“每为社会培养一位优秀的驾驶人就是在行善积德”的初心，得到社会的认可。我们希望通过让驾驶变得更文明、更安全、更快乐，从而达到让社会变得更文明、更和谐、更美好！

2016 年全家福

兴趣成就事业，事业成就梦想。在我事业顺风顺水推进的同时，我们的车队在全体队员的共同努力下和雄厚资本的支持下，也取得了骄人的成绩。贵州汽车拉力车队获得五个年度总冠军、四个年度亚军。截至 2020 年，吉源汽车俱乐部共获得 170 次国际国内奖项，其中冠军 62 次，亚军 47 次，季军 29 次；我个人 51 次获得国际国内奖项，冠军 7 次、亚军 14 次、季军 7 次，创造了一个中国车坛奇迹，为中国和贵州汽车运动谱写了辉煌的篇章。

顺势而为 谱写华章

在事业和梦想一次次达到巅峰的时候，我也得到了更多的社会关注，先后成为贵州省第九、十届政协委员，贵州省十一、十二届省政协常委，民建贵州省委常委，贵州希望工程“爱心大使”，贵州“十大杰出青年”。当然，头衔多了，意味着身上的担子更重了。

作为政协委员、民营企业家，我不忘初心，牢记使命，坚定不移沿着习总书记指引的方向奋勇前进。按照贵州省产业规划总体布局，大力推动新型工业化、新型城镇化、农业现代化、旅游产业化发展，提升供给质量，打造面向世界的贵州“名片”。我的吉源实业围绕汽车、能源、教育、资本四大领域，不断探索产业优质项目，打造宜学宜教宜游的模式。吉源汽车小镇就是在交通安全教育加文旅产业方面深耕建设，成为行业标杆，2021 年，入选为贵州 29 个体育旅游示范基地和 5 个体育特色小镇之一，为向全国、全世界宣传贵州做出了应有的贡献。

人的一生就是从无觉到察觉、到自觉再到他觉的过程。2009 年，在未完工的赛车道上训练时我摔断了双腿；2013 年，我在参加中国大越野拉力赛时发生意外，导致脊柱髓受损，脖子以下完全失去知觉；2019 年，在中国环塔拉力赛中，我凭借过人的身体承受能力和对必胜的信念，在高温和恐惧的压力下成功地驶出沙漠。九死一生的赛车经历练就了一个压不垮、打不败，具有钢铁般意志的我。

人为什么而活？人生的意义是什么？我经常问自己这个问题。在养病期间，母亲陪在我的身边悉心照料我，我也和母亲聊过这个话题。母亲说：“拼命工作那么多年，现在我就希望自己健健康康，少生病，少给你们添麻烦。”母亲智慧的话语，点醒了我对人生的认识。人生归结起来无非就三件大事：谋划事业、关爱家庭、经营身体。

事业的成功，有赖于和谐家庭的支持。我现在越来越感到女性的伟大。

就拿我太太来说，这么多年，她一直在我背后默默支持我、包容我。在我打拼事业的那些年，她在家照顾父母，养育儿子，在外还要帮助我做好各方面的协调工作，是名副其实的贤内助，我的军功章上有她的一半功劳。如今，父母康健，儿子也从美国学成归来。他很勤奋，人很善良，也有大格局，经过在北京等地的历练，现在已经成长为吉源驾校的董事长。还有我的哥哥，在公司发展最需要人的时候，他来默默地支持我，帮助我，成就我。

2020 年侄子婚庆全家福

同时，想要事业有更好更顺利的发展，身体健康很重要。人努力拼搏一遭，其实就是从简单到复杂再到简单的过程，现在也是该回归本真——人了。人的这一生，最主要的是身体要好，只有身体好了，才能干更多更大的事业。颐养身体，需要好的环境，好的空气，再加上一群志同道合的人在一起修炼，共同进步，相互促进成长，在向上、向善的氛围中，达到身、心、灵的健康。吉源·星河境的置业项目应该是我驾培事业达到一定高度后的另一个扩展点，我希望给更多的人提供“回家就是度假”的舒心理念，真正让家为人的身心健康服务。

家国情怀 社会担当

一路走来，我得到太多人的关心、帮助和呵护。祖母、父母以及姑父姑母等家人朋友的善良大爱也时时提醒我，“穷则独善其身，达则兼济天下”。现在作为社会公众人物，更应该以身作则，尽自己所能，回馈社会。捐资助学、抗震救灾、抗击疫情、捐款捐物这都是平常之举，于我而言，除了上述这些，我更加关注人的可持续发展，人的身心的成长。

2008 年，作为华商书院全国校友会创始人，由最初的 7 个校友，发展到今天有 7000 位企业家的大家庭。华商书院的企业家集中自己的资源，在各地开设以传统文化内容为主的“幸福人生”公益讲堂，针对人生比较迷茫、家庭关系处理不好的人，有针对性地进行辅导。公益活动一般是四天三夜，所有的费用都是华商书院的企业家和朋友捐助。在疫情前，每年至少举办三四场，每场都有几百人参加，参加的人员大多是以家庭为单位。每次我们可以看到有的家庭成员在活动过程中学会体悟家庭其他成员，学会反省自己，经常是泪流满面。这一公益活动挽救了很多家庭，改变了很多人的生活，我觉得是功德无量的事。那时我经常带着我的家人、孩子一起去做义工，希望影响到他们，也希望更多人受益。

作为贵州希望工程“爱心大使”，我捐赠了贵州第 100 所希望工程小学，学校在黄平县下属的苗乡。当时，我从选址、征地，到设计、招标，再到施工、配备教学设备，调动了所有的资源，按最高的标准做最好的希望小学。我们除了捐赠所有的硬件设施，给孩子们提供方便、舒适、先进的教学环境，还成立了“爱出行”基金，利用各种人脉，通过“请进来”“走出去”的方式让孩子们开阔视野，走出大山，到凯里市，到贵阳市，再到“北上广深”这些一线特大城市去看世界，见世面。黄平县是苗族人聚居的地方，原来他们只会说苗语，现在孩子们通汉语，学英语，眼界高了，心气也足了。由我及我的公司支持，基金池里的资金除了支持孩子们的各种活动，还补助教师一部分工资。我们还想方设法帮助教师解决两地分居、孩子入学等各种生活问题，使乡村教师队伍更加稳定。我深知国家在精准扶贫政策中，实施好“五个一批”工程里，就有“发展教育脱贫一批”，教育扶贫是影响最深远的一种方式，可以说教育改变命运。这些小小的举动，可以持续改变山里很多孩子的命运！我坚信他们的未来定是星辰大海，这个地方也会因为孩子的远大未来而得到更深远的影响和改变。

在脱贫攻坚战中，为深入贯彻落实中共贵州省委十二届三次全会精神，按照省政协脱贫攻坚“百千万行动”——百名政协主席挂帮百个贫困乡镇、千家委员企业帮扶千个贫困村、万名委员结对万户贫困家庭的指示，作为政协常委，我义不容辞积极投身脱贫攻坚第一线，选定了贵州 14 个深度贫困县之一的紫云自治县猫营镇格幺村作为自己的结对帮扶村，曾多次深入该村进行走访调研。2019 年 1 月我到格幺村开展结对走访帮扶慰问，慰问了当地贫困户和战斗一线的村干部及驻村干部，给每家贫困户带去慰问金及生活物资，并以个人名誉捐赠给格幺村和同步小康工作组人民币 3 万元作为该村脱贫攻坚工作经费。我和贵州各企业家帮助格幺村做好产业发展，做好做实“一村一产业”，大力扶持村集体，发展壮大香椿种植项目和养牛产业，积极为该村做好产销对接，真正让贫困群众从中受益。

2021 年 9 月，受贵阳学院、贵州双龙航空港经济区邀请，我走进贵阳学院大学科技园，为大学生们带来一场“梦想、行动、坚守”的创新创业分享沙龙，并受聘为贵阳学院大学科技园创业创新导师，我将长期为这里的大学生心中“播下梦想的种子”再尽自己的一份力。

利用自己的身份和活动为家乡、为国家做力所能及的事，能更多地惠及社会一直是我努力的方向。2021 年 10 月，在敦煌举办的第二届大海道汽车耐力赛中，由于天气问题，出于安全考虑，最后一天的赛事组委会宣布停赛，但是我获得了第二届敦煌大海道汽车耐力赛“特别贡献奖”，以奖励我推广赛车文化的贡献。“作为赛车手 20 多年，不论走出去，还是请进来，我都时时刻刻推介贵州，代言贵州，因为我是地地道道的贵州人，我的根永远在贵州。这次出征敦煌，不仅仅是为了赛车，更是致力于黔货出山，将贵州的好山好水好酒向外推广，也将敦煌浓厚的历史文化和磅礴震撼的自然风光推介给更多的朋友。”

2019 年春节和谐美满大家庭全家福

家风是社会风气的重要组成部分。家庭不只是人们身体的住处，更是人们心灵的归宿。家风好，就能家道兴盛、和顺美满；正所谓“积善之家，必有余庆”。我想我所取得的一点成绩应该是我的好家风给我的福报吧！我现在有个愿望，想找个时间，静下心来，好好把祖辈留下来的好家风整理总结，做一份家族宪章，让“行正道、做正事、为正人”的好家风继续传承下来，这于己、于家庭、于社会都大有好处。

第七章　承继汉唐，斯文永续

董忠泉口述，孔锐撰稿

董忠泉，1977 年生，江西婺源人，汉朝大儒董仲舒第 77 世孙，宋奉议大夫董知仁（万洪公次子）第 35 世孙，居于上海，从事宠物营养保健品以及文化相关的行业。美国先牧生物国际制药有限公司创始人，中国优质农协会宠物产业委员会常务理事，董子文化（上海）科技有限公司、上海董子世家文化交流有限公司、上海董子义仓文化交流有限公司董事长，上海董仲舒董必武学术研究会筹备发起人。

我是董忠泉，排行“国”字辈，谱名“国昌”。我理解的家风，是吾族自始祖以来血脉相承，代有贤达，通过读书继承先人的志向，世代子孙秉承祖脉不可断之遗训，以敬宗法祖为己任的使命传承。

两个“一千年”，一个大家族

我们整个家族自从宋初的时候迁居到婺源，至今已有1000年的历史。我们老祖之所以迁居到那里是有原因的，他考中进士之后在湖北做官，有一次回老家的时候路过婺源凤游山，发现这个地方山水好，族谱上是这么写的，说是“八仙下棋，九龙汇聚，飞凤走马，旗鼓相当”，觉得这个地方特别好，回去之后就带领族人举家迁到这里住，一住就住了1000多年。

我们家族往上追溯一直可以追到汉朝董仲舒，从古至今我们经历了两个“一千年”。从董仲舒开始到宋初，这是第一个“一千年”；从宋初到现在是第二个“一千年”。在第一个“一千年”里，我们家族曾经换过几个地方居住，但是在第二个“一千年”里就再也没换过了，因为老祖觉得这个地方得天独厚，特别宜居。从宋朝到现在不断地发展，家族里面这么多人，代有人才出，史料上面都有记载，确实可以说老祖当初的设想或者说规划实现了，而且发展还没有结束，依然在延续。前段时间我们国家提出要在雄安新区搞“千年计划”，有的朋友不相信，但是他们来婺源看了我们家之后发觉：这不就是一个活脱脱的千年计划嘛，而且是已经实现了的千年计划！所以说国家现在要搞千年计划也是完全有可能的。我们婺源这一脉的发展,就是家族发展史上的“雄安规划”。

村里的祠堂和族谱

我们村里很多祠堂，其中总祠堂是明朝时期两位老祖（希俊公、希济公）修建的，叫“俊济公祠”。家族经过1000年的繁衍，每一支都会有很大的数量，每一支下面还分成很多房，他们各自都建有规模小一点的支祠堂，村里现存20多座。村里会定期举办祭祀活动。

我现在手头保存的《董氏宗谱》，是从唐末一直记录到现在。我们这一支是从唐末的时候开始南迁，始祖董仲舒从河北衡水到陕西茂陵，再到唐代第37代董仁婉，仁婉生子散骑大夫董大礼，大礼生子太傅左仆射董伯良，伯良二子，长子陇西郡开国公董晋（为董必武主席祖），次子吏部侍郎董申，唐末战乱始南迁德兴海口，其曾孙董万洪次子董知仁始迁婺源定居下来，从汉唐末的老祖开始延续下来，每个人叫什么、娶了谁、生了谁、干了什么事情等，一直到我们现在，所有人都是十分清晰的。所以说这1000多年来，我们整个家族的每一个人都在族谱上面。

董仲舒祠前留影

我们的族谱跟一般人家里的还不一样，一般的族谱可能就一个开篇，然后里面就只有人了，记录一代接一代的儿孙子嗣名字，除此之外就没有别的了。但我们的族谱可能远超一般人的想象，篇幅大得不得了。1000 年来，每次重修族谱都有一个序，光是新序、老序的内容就已经非常多了，还有各种的记、跋、男传、女传以及其他关于历史的介绍、文集等内容，仅仅这些加起来就有 6 大本。一部家谱总共有 28 大本，这些都是用宣纸木活印刷的，将近 40 公斤！

咸阳兴平茂陵祭拜大儒董仲舒老祖墓地

祖上的辉煌

我们是婺源第一大村庄，到现在还有 1000 户人家聚族而居，整个村庄都是我们家族的人。从镇里来说，整个镇有将近一半的人都在我们村，也就是说，我们家族占了整个镇将近一半的人口。所以说我们家族是一个巨大的家族，到解放的时候，我们家族不算其他资产，光土地就还有 3 万多亩，这可是在南方啊！这么大的一个家族，又经历了几千年的传承，所以有很多家规、家训传承下来。

我们的家族上千户人家住在一起，我们那儿的房子最早有从宋朝传下来的，往后明清的都有，那是一个巨大的徽派建筑群。虽然是在农村里面，然而脚是踩不到土的，所有的路都是石头铺成的，那儿建的桥都是石拱桥，很多都是很大的石头。我经常听老一辈的人说起我们祖上多么辉煌，当我们亲眼看到那个房子、桥、路的时候，无不赞叹！

小时候听老人讲过一个故事，说是明清时期，村里有一个老祖在景德镇做竹篓生意——因为我们那儿离景德镇比较近——景德镇大家都知道盛产陶瓷，陶瓷要运到外地去卖，甚至有的通过丝绸之路运到别的国家去卖，走这么远的路需要用专门的竹篓来装。我们老祖做这个竹篓生意，他做得很大，赚了很多钱，回来后就在村子周围修路，以我们村为中心，东西南北各用石板铺出去 40 里路，每隔 10 里还建一个亭子。

我们村里还有一座石拱桥，叫作题柱桥，是家族里面一位老祖在 1599 年也就是明朝时修的。他也是生意人，经商成功了以后就给家族里修桥。为什么叫“题柱桥”，这里有一个汉代司马相如的典故。司马相如家境贫寒，因其文学才华出众，得到当地人的赏识，娶了当地富豪的女儿卓文君。他们两个人一开始是私奔的，老丈人家里一直看不起他。后来皇帝也听说了司马相如的名声，就召他到长安。司马相如到了长安之后经过一座桥，他就在上面题了字“不乘驷马高车不过此桥”，就是说，今后如果不能飞黄腾达就再也不走这座桥，意思就是再也不回去了。我们老祖修这座桥的用意也是鼓励子孙后代也要像司马相如那样衣锦还乡，为家乡做贡献。

血脉传承之不易

还有一个故事让我印象很深刻，说的是元末战乱频发，婺源第 14 世老祖董子英，为保一方平安，最后战死沙场。他死了以后家里只剩下两个小孩，当地有恶霸想要霸占老祖家里的资产，两个小孩处境很危险。这时家里的仆人程桥对小孩说，你们在家时别人送来的东西我不在的时候不要乱吃。有一次程桥老仆出去干活了，恶霸就带着人拿了东西过来给小孩子们吃，孩子们听从仆人的话，当时没有吃。晚上仆人回来，知道了这件事，就把那东西先给家里的狗吃了一点，结果狗马上中毒而死。仆人意识到事情的严重性，连夜挑着两个孩子去投奔远方的姑姑。后来两个孩子被姑姑抚养长大，在朱元璋建立明朝时，再次回到家乡，我们一脉又再振兴起来。民国年间续修族谱里，还记载着一篇《恩仆程桥像赞》，就是感激、赞美程桥老仆在危难之际体现的忠义。

父母养育恩，人生启蒙师

敢闯敢拼的父亲

父亲 70 岁在上海合影

我的父亲叫董德光，出生于 1952 年，华字辈。出于历史的原因，他没有上过学，是一个普普通通的农民。他早年的工作跟木匠有点关系，但不属于木匠，算是木匠的前期工作，姑且把它称为锯匠吧。以前山上砍了木头，因为木头太粗没法直接运下山，需要把它们按照一定的规格锯成小段以方便运输，这个就是我父亲早年的职业。随着时代的变迁，这个行业慢慢没有了，于是他又跟人合伙开了煤矿，也算是创业。后来煤矿也逐渐不好做了，父亲又面临新的转型，他就出去打工了。他去修过高速公路，去西北修过隧道，还去过很多建筑工地。他不会写字，普通话也不太会说，但他依然勇敢地去外面闯荡。父亲的这种精神也一直激励着我，使得我能够鼓起勇气从婺源走出去，先是到江西农大读书，毕业之后去了宁波，在正大宁波分公司工作，后来又来到上海，然后现在又在开拓美国、欧洲等国际市场，可以说，我是一直受着父亲的影响的。

开拖拉机的贵人

我的母亲叫董发英，生于1954年，小时候读过一点书，成绩也很好。她一开始是在镇上的供销社上班，生了我和我妹妹之后，因我们家在村里，她在镇上上班，要照顾两个小孩，很不方便，于是她就把工作辞了，回到家里专门带我和妹妹。

八个月的我

母亲生我的时候难产，当时家里人，爷爷、外公、家族医生他们一起把我母亲抬到浮梁东流医院，但还是没法解决，医生说要去景德镇市里的大医院才行。经过一番折腾，母亲和我已经很危险了。这时幸好遇到一位贵人，他是一个开拖拉机的师傅，正在装石头，已经装了大半车。他一听说要救人，立马就把石头卸了，帮忙把我母亲抬上拖拉机，送到景德镇第三医院。到了医院之后，他连口水都没喝，转头就走了。当时大家都围着我母亲，没有注意到他，所以很遗憾，时至今日我们也不知道他叫什么名字，是哪里人。

据说我生下来的时候不但没有哭，甚至已经没有呼吸了，抢救半小时以后才有了呼吸，才开始哭的。我经常在心中感慨：当时幸亏遇上这个好心的拖拉机司机，否则就不堪设想了！我觉得，像这样的贵人，一定是小时候受到过很好的家教，所以他遇到事情什么也不图，就是去做他认为正确的事情。中国自古以来都有很多这种人存在，这是我们的传统文化造就的。

勤劳坚韧的母亲

1995 年，我父亲在做煤矿的时候出过事故，煤矿塌了。那次父亲伤得非常严重，当时连医生都已经表示治不好了，建议放弃治疗。但是我母亲坚决要求继续治疗，而且悉心照顾父亲，最后父亲的命终于奇迹般地保住了。虽然父亲后来恢复过来了，但是腰椎间盘粉碎性骨折，属于三等甲级残废，家里突然没有了经济来源。于是我母亲就开始做起了小生意，她做包子当早餐在村里卖，但是这还不足以负担我读书的开销，后来我母亲就到镇上开了个饭店，赚钱供我读书。所以说我母亲是一位很坚强的女性，在面对变故的时候她能够承担起很多重任。我后来自己开公司，创业这么多年，经历过各种大环境小环境，每当遇到挫折的时候，母亲顽强奋斗的精神就会深深地激励我前行。

老人家口中的人生哲理

记得小时候，家里老人经常会教育我们很多人生道理。比如我爷爷家门口有一口井，叫作方井，你从上面看下去，它的外边是圆形的，里面是方形的，就像一枚铜钱一样。爷爷告诉我说，做人的道理也是如此，叫作外圆内方，就是内心必须端方正直，而处事可以随和一些。还有我外公，他本人是普通的农民，但他有很多朴实的智慧，比如他常说“天燥有雨，人躁有祸”，就是说天气如果太干燥了，接下来就会要下雨；人如果太急躁就会惹来祸事。就是告诫我们如果人处于某种不正常的状态，就要承担相应的后果，不管是学习，还是工作、创业都是一样的，所以我们要有觉察能力，事先要能够预料到自己行为的结果。我们现在宣扬的很多人生哲理、商业智慧等，其实早就已经包含在祖辈们的箴言里，一直在流传了。

小时候的家教

虽然说我父亲没有读过书，但是得益于这个大家族，这个曾经很辉煌的大家族，使得父亲从小就能耳濡目染，受到熏陶，对于传统文化的很多东西，他也是十分了解。比如说，我记得我们小时候，家里来了客人，那么到了吃饭的时候，我们小孩子是不能上桌的，通常都是在厨房里吃点东西就好了。有客人来就是这样，小孩子不能上桌吃饭，这可不像现在还专门给小孩子准备饭菜，那时候是没有的。最多有的时候可以去坐在桌角，那已经是非常好了啊！对家庭来说，这就是一种礼制，一直都是如此传承下来的。我父亲从来没读过书，他不可能是从书本上学习到这些知识的，但不是所有的学习都只能来自书本，整个大家族、大环境对他的教育影响是很深刻的，让他知道哪些情况下应该怎么做，什么事可以，什么事不可以。

我印象很深的还有一件事，因为小时候农村里面都不锁门的，我记得有一次，那时我有六七岁的样子，家里抽屉里的一些零钱不见了，我母亲就以为是我偷的，我说不是，但是我也说不清怎么不见的。我母亲就怀疑是我趁大人不注意拿去买东西吃了，就狠狠地打了我，还让我罚跪。农村里有那种扁担，就是用一根毛竹劈成两半做的，就罚我跪在上面，跪了半天。毛竹很硬的，跪着非常疼。我母亲以前从来没有这样惩罚过我，所以印象特别深刻。我们现在来看，小孩子拿了家里一点零钱去买东西或者干吗的，也是偶尔会有的，应该说也不是太严重的问题。但是我母亲处理的方式特别严厉，也就是说她只要发现你有一些不好的苗头正在冒出来，她就要马上把它给掐掉。还好后来真相大白了，原来是邻居家的小孩看我们家门开着，就进来偷走了，我母亲也就知道不是我干的了。

留了不该留的级

在读书方面，我父亲自己虽然没有读过书，但是他从小就要求我们一定要读书。他明白读书的重要性，他觉得祖上这么多有名的人都是读书人，读书能做成这么多大事，所以他要求我们也一定要读书。他曾对我说，只要你读得上，家里就算砸锅卖铁，甚至卖房子也会供你读！

父母对我读书的要求很严格。我现在还很清楚地记得，在二年级的时候，学期末我的语文、数学两门课，一门考了 70 分多一点，一门考了 60 分出头，平均分可能不到 70 分。按理来说，这个不属于留级的范围，是可以升级继续读的。但是我的父母就去了学校，跟领导、老师说：这个孩子学习不扎实，升上去可能不太好，能不能让他留一级？当时班里学习不如我的同学，都升上去读三年级了，而我这个成绩还不算太差的，在学校体制要求的范围之内可以升级的学生，在我父母的主动要求之下，变成了留级生。当时我两门课的平均分六十八九的样子，按要求只要 60 分（及格）以上就可以了，不用留级的，但是在我父母的眼里，这个就属于学习基础不好，学得不扎实，就应该留级。他们希望我能学得更好，而不是匆匆忙忙就这样升级去了。我知道别人家有的父母可能是反过来，孩子考分不及格，还差了一点点，他们就去找老师，拜托老师让孩子升级。所以这也说明了，我父母对我的要求是高于一般父母对孩子的要求的，我就是在这么个不应该被留级的情况下留级了。

读书是最重要的事

我的父母虽然不像我其他先祖、祖辈那么有学识，官位那么高，或者拥有那么多的财富，但是父母给我的精神层面的东西依然十分丰富，跟祖辈相比甚至可以说有过之而无不及。所以我现在不管是作为一个父亲也好，或者作为企业的创始人也好，我做事情不仅仅追求物质上的存在，同时还有超越物质的东西。出于历史的原因，我们现在跟以前不一样了，我父亲没有读过书，这是其中一个方面，还有房子、路都跟以前不一样了，你都能看得到的，能感受到其中的落差，意识到我们现在没落了，不像以前祖辈那样优秀。所以我们心里会有压力，有紧迫感，父母觉得既然我们有机会读书，那么就要把书读好，因此对我们的要求也就更高一点。

父母从小就尽可能地为我读书创造良好条件，我从小学考上初中之后，就有自己的书房了。我有专门的书桌，那是读完小学之后我父母特地找了木匠来做的，墙上还有书架，给了我一个单独的房间。自从我读书以来，父母就尽可能地为我创造氛围或者条件。所以说，父母对于我们的教育是十分重视的，之所以如此，我想大概有两方面的原因。第一，在父亲出生、成长的年代，家族里的很多长辈都还健在，因此他能够耳濡目染了解到上一辈的人很多是很优秀的，而且都是靠读书读出来的，他很清楚这一点，于是他就自然地希望我们也像祖辈那样去读书学习，提高自己的能力；第二，他自己出于历史原因没有能读书，深知不读书没文化的痛苦，所以对我们的学习就特别上心。

村里的私塾

我爷爷是村里的会计，爷爷是读过书的，再往上的祖辈们也都读过书，只有我父亲这一代比较特殊，没有读书。根据族谱记载，我们家族在历史上就有成立私塾供子弟读书的惯例。后来，比如民国以后，完整的教育系统建立起来以后，私塾的作用弱化了，但在此之前，1000 多年来我们那儿的小孩子的启蒙教育都是在私塾开启的，有时候是从外面聘请老师，有时候是村里的读书人来教的。其间不管是战乱，还是贫穷，还是别的什么原因，举办私塾在我们那儿从来没有中断过，可能也正是这个因素，确保了我们整个家族在婺源之后的 1000 多年里从来没有中断过。我们那个时候的私塾很大，不光是教育自己家族的子弟，包括周边其他一些小地方的人，也会送孩子来读书。

清中期齐彦槐进士从小就被他父亲齐翀送到家族私塾。

私塾在有了完整的小学教育以后就被弱化了，但是不能说就完全没有了。当我在读小学的时候，白天是在学校读的，晚上村里会开办夜校，族人聚在一起共同学习，所以说私塾还是以某种形态存在着的，只不过没有那么明显罢了。当时夜校学习的内容主要是村里留下来的老书，比如家规，还有历史传说等，不一定是十分完整的理论体系，更重要的是一个大家聚在一起学习分享的传统。

村里第一个大学生

以前我们村里会用千斤重的大石头做旗杆墩，家族只要有人考中进士或者举人、贡元等功名，我们就会用石头做好旗杆墩，上面会刻在哪一年、考中了什么。现在村里还留下来很多，有几十个。所以说，读书这件事情，在我们家族里面是理所当然的，不管是历史上还是现实中，你不管到哪儿都能看到读书的印记。除此之外，为鼓励读书的机制，族谱里也有明确记载，考上功名，家族“义仓”会终身供养。

村里的旗杆墩

我们家族在过去的1000多年里面，读书方面可以说代有人才出，但是新中国成立以后，我们整个家族都没有出过大学生。周边一些小姓的小村庄都有，但我们没有。那个时候我们的村支书每次去镇里、县里开会都觉得很没面子，其他小地方都有人考得上，就我们这么大个家族，却没有一个考上大学的。村支书也是家族的人，经过协商他决定学习老祖的做法，搞奖励以推动读书，从100块、200块、300块开始，金额一直往上涨，涨到1995年高达1000块钱，凡是家族里面谁能考上大学，村里就奖励1000块钱。要知道20世纪90年代还是万元户时代，考上大学就能奖1000块钱，那可不是一个小数目。也就在那一年我不负众望，成功地考上大学，成为我们村新中国成立后46年来第一个大学生。我母亲就拿着这1000块钱给我作为学费去读大学，当时我们一年下来交给学校的钱全部加在一起也就是900块。

我们村里每年过年很热闹，正月十五的时候都会游龙灯，我们叫板凳龙。当时我在外面读书没有回去，后来才知道那一年元宵灯会，我家是唯一的一盏"状元灯"。在1949年到1995年这么长的时间里，我们村从来没有游过这种灯，直到我考上大学，家族里面才又一次游起状元灯，这算是一种荣誉的回归。在我之后，我们村考上大学的也就慢慢多了起来，但是不管怎么说，这个天花板是由我打破的。从我第一个本科生，到后来第一个研究生、第一个博士生，家族文脉再次兴起。

族谱与家训，风气传千古

我们的族谱按照古代以来的惯例是每隔30年重修一次，我手上现在保留的这一份是1931年修的，也就是说从新中国成立以后到现在，还没有进行过完整的重修。1931年的那次重修，当时一共刻印了28部（或者说28份），每一部有28本。但是后来由于战乱等，其中27部散佚了，现在仅存下来的就是我手头的这部，非常珍贵。如果当时连这部都散佚了，那么我们就没法知道过去的事情了，文脉难续！

《董氏宗谱》

生活中的家规与家训

族谱的内容很多，记载的家规家训很详尽，我父亲虽然没有上过学，他无法自己去阅读，但是里面的道理他是清楚的。因为我们不是独门独户居住的，而是 1000 户的大家族生活在一起的，家规家训是融入生活中的，父亲经常耳濡目染，自然是了解的。不光是家规家训，还有礼制，比如说丧葬、喜事，我们都有相应的完整的礼制。结婚的时候，队伍要从哪个门进，从哪个门出，然后围着村里整个转一圈，再怎么回家，这里面都有完整的礼制。

我前面说到的小时候母亲因怀疑我偷了钱而狠狠地打我还让我罚跪的事情，为什么要这样做，就是因为偷盗这种事情在家规里面是严格禁止的，如果有人偷盗，要么去跪祠堂，要么就挨鞭子，甚至情节严重的话，会被逐出家族。一个人如果不好好读书，不明白道理，犯了这些行为，就会受到家规家训的严厉制裁。

《家训》条目举例并解读

我们族谱里面有专门的《家训》篇目，它的内容非常之多，一条一条都很有针对性，也特别富有人生哲理。这里篇幅有限，全部讲是不可能的，就选择一些我自己印象深刻的内容来举例吧。比如它说：

庶人之职，士、宦、农、商而已，岂有习工业杂流者？君子戒之。吾族子孙，勿有不务本等生理，或流失于空门，或不理君亲，或自甘下流为奴，以辱宗族。甚至游手好闲，奸盗诈伪，如有此等，会众公论，谱除其姓。

就是说一个人应该做什么？应该做士、宦、农、商。应该学什么？应该学习做士、宦、农、商的道理。如果你去学一些乱七八糟的东西，或者不赡养父母，或者去做奴婢等，那样就是辱没了祖宗。如果游手好闲，甚至去干一些违法犯罪的事情，那么就要聚集家族众人一起商讨定夺，可以将他从族谱中除名。

与孩子一起读书

《家训》里面还有一句话是这样说的："子得时则大行，不得时则蠖屈。"蠖是一种毛毛虫，蠖屈就是像毛毛虫那样把身体蜷曲起来。这是告诉我们一种人生境界，国家政治、大环境好的时候，或者说机会好的时候，那你就放开手脚去大干一场就好了；如果时代背景不好，或者行业不好的话，那么就蠖屈，意思是说像毛毛虫一样，行动时身体一屈一伸地前进，就是走得比较慢或者就是韬光养晦了。所以老祖的智慧就这样传递给我们，让我们在面对世事的时候知道怎么样去应对，怎么样去处理，至少让我们在面对困难的时候不会焦虑。

《家训》里面还有一段话是这样说的：

君子之道，孝悌忠信而已。吾族自始祖义公以来，代有显达，人不离斯道。若子若孙，务以读书学问继述先志，其有居官而著忠良之绩，在家而居孝顺之实，其超然出类者，并出其事实于谱，以表扬之。

除了说若子若孙一定要读书继述先志之外，你如果做官则应著“忠良之绩”，如果在家则做好“孝顺之实”。意思是做官就做好官员的本分，做子女就做好子女的本分，不管处在什么境遇，你都应该做好自己的本分，踏踏实实地去做。老祖已经说得很清楚了，你遇到各种事情应该怎么办，他把你的各种境遇都已经设想好了。家规家训可以引导家族个体一生的言行。

现在有的人从十几岁开始就出去社会上打工，或者做点生意，就不读书了，那么这种情况是好还是不好呢？我们老祖在家规里头讲得很清楚，说一个年轻人赚了点钱就得意扬扬，觉得自己厉害得不得了，但是不读书，不通古今，始终是不行的。为什么不行呢？老祖又说，因为年轻人比较浮躁，很难有坚定的操守，特别是在不读书的情况下，心性难以得到约束。所以你看，我们现在这个时代面临的所有的困扰，所有的问题，不管是家庭的还是企业的，甚至其他的，老祖在1000多年前，就已经根据他们所走过的道路，所经历的历史，所看到的现象，为我们指明了方向。

族谱里的义仓，人世间的温情

我们家族自古以来就建有“义仓”，族谱里面指明了它的用途，比如说供家族子弟读书、赡养老人、建筑物修修补补之类的；还有比如有时候发生饥荒，或者有什么灾难，有人落难成为乞丐，也可以拿这个钱救济他们。比方说外地人，或者乞丐死在我们家族境内，家族会动用义仓，去买棺材，请人去把这些可怜的人埋葬。这些规矩不是最近才建立起来的，而是长期以来就是这么延续下来的。

我记得小时候，我们自己家里吃饭也比较困难的，但是遇到比如其他地方发洪水什么的，有外地人来我们村逃难的，不管我们家当时过得怎么样，只要他们来，我母亲都会给他们准备饭吃，临走的时候都还要用竹筒盛一点米让他们带走。如果他们哪天晚上不走了，在家里借住一晚也是可以的，村里面所有的门都是不上锁的。也就是说，解放以后我们整个家族不像以前那样掌握巨大的财富了，但是这种文化的传承并没有消失。随着家族的复兴，在新时代背景下，逐步恢复这种“义仓机制”。

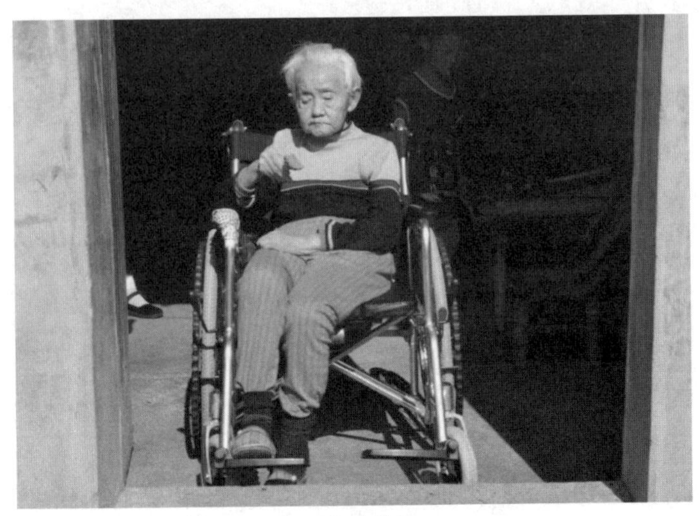

90 岁的外婆

家风的影响与传承

最低标准与最高标准

要说我从小所接受的教育（也就是家风、家训）对于后来人生的影响，我觉得最重要的是让我懂得区分两种标准，一种是最低标准，一种是最高标准。比如前面说的，我小学两门课，一门 60 分出头，一门 70 多分，按照学校规定是可以升学的，但那是最低标准，我父母对我的成绩是不满意的，主动找学校把我留了一级，他们觉得应该要更好才能升级，这就是最高标准。

我1999年大学毕业的时候，我们那个时候是有分配的，但是我没有要分配，而是选择进入市场，去了正大集团。当时在做选择的时候其实是很犹豫的，我们是最后一届有分配的，父母好不容易供我读完书，肯定是希望我能够回去做一份安稳的工作，找个铁饭碗。我当时决定放弃是基于两个方面的考虑，第一是安稳的工作意味着一张报纸、一杯茶那样子过日子，一眼就可以看透人生的未来，这是我所不愿意的；第二是从小听父母、祖辈讲家族以前的故事，以前是如何如何辉煌，这多少在我心中培育起了一些使命感，想要重振家族，而要达到这个目标就意味着必须出去闯荡。

在正大工作三年之后，2002年我开始自己创业，因为我学的是兽医，做的是兽药行业。那时的行业标准，90%~110%含量都是合格的，而我们选择都是按110%为实施标准。

在创业之初，国家下了明文规定，要求到2005年12月31日必须通过GMP认证，过不了认证的话，所有的许可证都要吊销。我们只有三年多的时间，面临着巨大的挑战，一个工厂要投资多少钱才能通过GMP，大家都没有概念。但不管怎么说，我们还是迎难而上地去做了，家族过去的辉煌历史激励着我，只要判断一件事情是对的，是应该去做的，那么不管它有多么困难，都要去挑战、去奋斗。

因为小时候看到父母对待他人，包括那些素不相识的人的方式，培养了我拥有一颗仁爱的心。我在创业过程中陆陆续续招了很员工，从来没有把他们当外人，他们来了以后，我都会关心他们的工作啊，学习啊，家里有没有什么困难啊什么的，不是站在老板的角度，而是真正把他们当作一家人，做一些我力所能及的事情。促使我这么去做的动力，就是父母长期以来的家风教育，我们家族的生活文化氛围。

后来有一次公司招了一个员工，还不到一个月，有一天公司打电话来跟我说那个员工家里父母生病了，需要急用6万块钱，问我怎么办。当时在场的我朋友，他们也是做老板的，听了以后就说，他连试用期都还没过，将来能干多久也不知道，这种情况你就象征性地表示一下就好了，比如一两万块钱就行了，也不用全借。但是我就了解了一下当时公司的财务状况，发现是没问题的，账面上是有余钱的，那么我就决定全借吧，帮他把钱的问题全部解决了。因为从小受到父辈的影响，使得我在处理这种事情的时候，不是以下限（或者说最低标准）来思考和行动的，而是以上限（也就是最高标准）来思考和行动的。

思考、总结与传承

总的来说，我的父母虽然没有太多的物质财富，也没有做出什么惊天动地的事情，但是他们没有辱没祖宗，继续秉承老祖的思想在教育我们。而我现在也有两个小孩，都是男孩，我很注意对孩子们的家风教育，把祖辈、父辈传给我的东西继续传给他们。家族迁到婺源后到我已经是第 35 代了，要是从汉朝董仲舒算起，我是第 77 代，我的儿子是第 78，排行“道”字辈。这种代代相传的东西会一直激励我们不断地去学习、去奋斗。2021 年初我去给汉朝和唐朝老祖扫墓，事后写了一篇文章叫作《重回汉唐》，我希望自己家族的后代经过若干代的努力，可以回到汉唐时期家族高点。这就要求子孙后代要坚持读书，将来不管是做企业，还是做其他事情，始终都要重视家族文化，让延续两千多年的家风恒久地培育我们一代代的后世子孙，去经世济民。

第八章　厚善实德

周前发口述，王喜英撰稿

周前发，江苏省徐州市睢宁县王集镇陈庄村人，出生于1978年，中轩集团董事长，中国博鳌儒商执行副理事长，中国建筑与园林艺术委员会常务理事，联合国教科文组织亚太地区世界遗产培训与研究中心古建筑保护联盟苏州世界遗产与古建筑保护研讨会理事长，香山帮营造协会常务副会长，苏州吴都学会副会长，徐州商会常务副会长，睢宁商会会长，中国匠心企业家峰会组委会副理事长，苏州政协委员，江苏省产业教授，商道研究院执行院长。

谨以此文献给

我最爱的爸爸妈妈和家人

我是周前发，我理解的家风既是缥缈无形又是可以润人载物的，它内化为家族中每个人的核心精神，表现在方方面面的作为之中。“德者，本也”“仁者自德，诚为本德”便是我印象中的家风。

全家福

我的母亲：铮铮厚善，实德至行

首先感恩我的父母，是他们给了我生命。我的母亲没有接受过一天的教育，至今仍然是不识得一个大字的正宗文盲。母亲那个年代条件比较艰苦，加上家里境况并不好，只能让男孩子读书，她也就失去了上学的机会。现在我有时候和母亲聊天，也总听她说吃了不少没有文化的亏。虽是如此，我的母亲却有着那个年代贫穷人家女孩子身上少有的傲风，不吝不媚，对我的影响着实深远。

明礼立身 内柔外刚

印象之中，母亲是一个处事周道而又不失礼貌的人，对于需要帮助者更会体现出德善。我年幼时父亲为养活一家一年中有十个月在外面靠做生意买卖谋生，母亲则带着我们兄妹仨在家种地。那时候几乎每家的娃娃放完学第一件事就是背着筐筐下地割草，好在我们仨不贪玩，总是按时回家帮母亲处理农活。到农忙时就在田地里搭个小棚子，娘几个在田地里过夜。记得当时我们家种了几亩西瓜地，那年西瓜的长势尤其地旺，母亲看了也格外欣喜，前前后后叮嘱我和我哥要万分照看好这西瓜，不能有半点马虎。当时我和我哥年龄不大，也还是贪玩的年纪。有一天夜里，我们哥俩玩累了就睡得很沉，竟把看好西瓜地这任务给忘了。果不其然，醒来的时候西瓜少了好几个大的。我们兄弟俩羞愧地回到家里，母亲看到我们这模样，张手就要来打我们，骂我们不中用，误了今年的大好收成，又说要罚我们哥俩几顿饭不能吃来长长记性。我和我哥既懊恼又气愤得很，恨不得张嘴就把那偷瓜贼骂个狗血淋头。这时母亲又说，骂人的事万万做不得，我对你们埋怨是于内，你们要是因为这事破口大骂那偷瓜贼，于外看到就是我们家气度小。这娃娃都学会了骂人，就是教育不成体统，反更往自己脸上“抹了土”。虽说瓜是被偷了，但不见得人家就是出于坏心思的，要是当这瓜用来救急解渴，可比我们卖得的那几毛钱宽善得很。奈何当时年纪小，也就似懂非懂地制止住了自己的行为。我本以为母亲看开了这件事，但之后又总会听到母亲梦中呓语心疼那西瓜。

和蔼的妈妈

德善润心 聚厚积昌

母亲的善是与生俱来的。在一九八几年的时候，乡镇里宣传说近期会有地震，让各家各户搭起帐篷在屋外生活，防止发生地震不好脱身，家家户户当然都是积极响应号召。就在一天中午，我们娘仨正在小棚子里吃着午饭，母亲远远望见一位老婆婆牵着毛驴走来，步履蹒跚，像是饿得走不动路了。我们家门前是一条东西路，街里街坊都看得到，但是这老婆婆一路走来也没有得到施舍。我母亲看到了揪心得很，她直忙端了一碗酸豆角汤和一块馍走过去。那老婆婆说来也奇怪，她看到我母亲后没有欣喜，而是说了句"我知道妹妹你会给我饭来填肚子的"。我母亲笑了笑，觉得二人是老故识。这婆婆吃完后缓了缓，直接指着我和我哥的脸说："妹妹啊，你以后可是要享清福喽，你的两个儿子不会受你这种地的苦哟，是干大事的料。"这下我母亲反倒失了神："托你吉言就谢天谢地喽。"这老婆婆又说："妹妹啊，你的心善，你娃娃心也是善的，现在这苦可不是白吃的。"正是这样，母亲事事中所体现的德善佑我成长至今，虽管束我最严，却是我的慈母兼严父。

善良且善教的妈妈

我的父亲：乐德福源，实干求真

我的父亲文化水平也不是很高，是他们那个年代的初中生，确切地说还没拿到毕业证，我总听他说最后因为两块钱的学费都交不起而被退学，否则，凭他的聪明才智肯定可以考上好学校做个大领导。相对于母亲来说，父亲给我的影响更为深厚，这更多体现在处事的德善和实干的魄力上。

实干拼搏 敢为人先

在我们当时的庄子里，家家户户都是有了几亩地便知足，似乎情愿做一辈子的农民，耕一辈子的地。种地虽说是自给自足，但不安于家中的一亩三分地的却是极少数。我的父亲总会做一些农民不会想到的营生，而乡里镇坊也疑惑不解，不知父亲如此拼命是为了什么。父亲的回答也很简单，“为了给孩子凑学费钱嘞”。当时这话说出来是要让农民笑话的，因为他们不曾想过也不敢想让家里的大大小小三四个孩子都能有学上。但是我的父亲却是通过自己实干硬把我们兄妹仨拉扯到学校里去。父亲不只做了大半辈子的农民，白天过着面朝黄土背朝天的苦累日子，晚上为了增加家庭收入还要学做木匠活的手艺，时间长了也能接给学校做课桌和凳子的活。在我的记忆里，自从父亲会做木匠手艺以后开始接我们全县学校的课桌板凳生意，我们三个每逢暑假除了做作业以外，所有的时间都要跟着做活，搬木板、清理废料和锯末、安装课桌板凳、打磨粗糙的板面、补腻子、打磨腻子、上油漆，所有的工序流程我做得很熟练，那时候的我就知道蒯祥和鲁班，给我未来工匠精神做了铺垫。课桌仅是暑假活。除此之外，父母为了让家庭宽裕一点，每天凌晨也能看见他们在做祖传的手艺——磨香油。为了赶上最早的集市卖掉香油，父母亲基本上是凌晨两点左右起床干活，时间不够，晚上连夜出工磨油，第二天清晨客户批发。磨香油这个手艺，我和我哥传承得也很好，所有的工艺流程做得很精。芝麻做什么产品，炒到几分熟，驴子拉磨，走快走慢，磨眼芝麻下的快慢出现什么问题等，我再熟悉不过了，特别是芝麻出油率的把握和水顶油的时机是技术的关键点。在当时，父母为了生计不仅把能做的能干的活全都做了个遍，还做得很精。而这一切都是要让自己的三个子女都能接受好的教育，不能再苦了孩子一辈子。那个时候的教育不像现在普众，各个孩子都有学上。当时有学上都是不错的家庭，像我父母这样的农民，我们兄妹仨都有学上真的是很不容易的。我也倍加珍惜上学的机会，不给他们丢脸。父母还有个担心，就是怕我们兄弟俩以后在农村找不到老婆，就把我们的户口从农业变成了非农业。

勤劳而实干的爸爸

魄力外现 为人忘己

等我们兄妹仨稍微大了点，第一年的学费也凑齐时，许多营生却没了市场。父亲只好重寻出路，壮着胆子和别人出乡去做了外地的生意。这就要说到父亲的乐德善美。我的爷爷奶奶那时算是我们当地的富农，也是靠着一点点务农劳作养活一家。但我父亲的家族到他这一代应该说是家道中变，他迫于生计压力不得不自己谋求生路，但我佩服我父亲的一点是他很具有生意头脑，每次带上我做生意时，我总是发现他心里有着明数儿的底，这不仅体现在家旁边集市买卖上，甚至出远门和外地人打交道时，也总见父亲十次有九次是营收最快最多的。现在人们提到商人，总会印象不太好，感觉“无商不奸”，但是父亲的买卖却是把德善发挥到了极致。他曾与一行人做各种贩卖生意，贩了卖，卖了再贩，来来回回，这期间也交到了数不清的朋友。常听他说，“做生意可不能光站在自己角度盘算，一定要站在对方的角度算明账，别人得六分我得四分就好，要是还不行，二分三分也是福源”。我想这应该就是父亲做好生意又交到朋友的原因。父亲去过很多地方，近一点的有安徽、山东一带，远的也有到过新疆做黄金和缎子生意。我小时候就曾想，应该要有这种闯劲儿，有那种和别人打交道的口才和魄力，总要踏上父亲的脚步，不能跌他的股。现在回味，父亲的魄力背后，乐德厚善才是至真。我的父亲特别爱交际，走到哪个地方都可以交到不少知心朋友，这对我的待人接物产生了重要影响。在平时，我是感受不到父亲的情感变化的，用他的话说就是“知道自己该忙些什么，就不会闲着想别的事了”。但他却是一个爱憎分明的人，事物的好坏、是非曲直不会不管不顾，相反，一定要抓住事物的本性，千万不能糊涂地糊弄自己，更不能糊弄别人，千万要知道事物的至真道理。以前我刚毕业的时候在一家上市企业打工，我父母一直和我说：一定要好好工作，把人家安排的事情做好，要用心去做，拿了工资不把工作做好这就不是好人。我听从了父母的话，努力工作，每一年都在公司里被评上优秀员工。原来也没有发现我父亲喜欢在耳边总提及的事，现在他年纪大了，倒是喜欢和他孙辈们说他自己经历的过去。

实干教育 指明方向

父亲曾再三叮嘱过我，“实干出真，救己济邦”，这对我现在从事的建筑行业有着深厚的影响，幸运的是我的亲哥哥也是从事建筑，而我也多少受到我哥哥的影响。我哥哥当时已经毕业并在当地市政工作，而我当时还在上学，有时候去县里他们家的时候也聊及今后自己的走向，我的爸爸和哥哥都在这个方面给了我不少的建议和指导，我也考虑了许久。这其中可说的是在我第一次高考的时候是落榜的，我没有如愿考上自己想去的学校，就毅然选择了复读，现在想想真的庆幸当时自己的决定。像刚刚说的，我父母在我小时候有接过给学校做桌椅板凳的活，这也该算我现在从事古建行业的一个萌芽。都是和木头和结构打交道，加之兄长很早也给我说明一些土木的知识，我也确定了自己的行业方向，坚信虚头巴脑的东西是不能碰的，于人于己都不会有好处。

办事坦然 善控大局

等我有了家室之后，父亲又提出帮我梳理工作方面的事情。父亲是很精明的，工程上的买卖不能马虎半点儿，但即使他发现问题时，也不会通篇向我提出来，而是要权衡这件事带来的影响孰轻孰重，给自己带来的坏和由此给别人偷摸得到的好是等价的还是超额的，他都心知肚明。当别人给他举报工人私自拿了外快并谎报价格时,他也会装作不知道。我的父母亲总喜欢说：“吃亏是福。认认真真做事，诚诚恳恳做人，永远不要小看任何人。”我的父亲是万分看中诚信的，自我记事起，家里的孩子忍不住馋偷摸了一颗糖，他都会用棍棒教育孩子，让孩子承认。那个年代的父母都是经历过饥荒的，不能容许自己的孩子浪费半点粮食，当时我们家的情况不好，一年中极少几顿饭见得到白面，有个疙瘩吃也能算是欢喜。家里面还有两个男孩一个女孩，人人得吃口粮食，家里面的锅碗也一定是见底的。现在生活条件比当初好得太多，我父亲看到这些孙辈有浪费时，也总会生气地训斥，甚至拿着棍棒唬唬他们，教导说：“知勤节俭，才能耐得住性子实干求真。”现在想想，这句话大有奥秘在。

心胸坦荡的爸爸

不苟言笑 看重教育

印象中的父亲在我面前是不苟言笑的。父亲当时在给我就读的高中做桌椅板凳，他和学校的来往也就非常密切。无论是我在学校调皮、不好好用功，还是受到了什么表彰、得到了什么奖项，他都知晓，却在我面前只字不提。他是只和老师交流的，他信得过老师和学校的教育，也像是信得过我有自我修正的能力、认识错误的能力。现在，他也会在我的孩子，也就是他的孙子孙女每次考试过后，会过问他们的成绩，了解他们在学校的表现和受到的表彰与批评，好则奖，劣则惩。也不算是惩吧，只是教导这些孙辈好好读书，说“读书为重，次即农桑”。读书才是唯一的出路，说到这，我很钦佩我父亲母亲的教育观，这种思想精神财富真的能够世世代代影响很多后辈。

念祖虑后 不忘根本

谈及性格，我的父亲有一种怀祖念祖的情怀，十分看重家族的传承和家风的教育。小时候没事时他就会和我说起家里面祖祖辈辈的传承，说到某处忘记了，就拿出那本特别厚的家谱族系书翻出来指给我看。他喜欢提及和我们家里人同属一个堂的族谱上的名人，讲他们的故事。小时候和我们兄妹这一辈讲，现在再和孙辈们讲，讲的时候也不忘把家族传承下来的周氏细柳堂的家训带上，力求让我们把家训字字记住，内化理解，千万不能忘记老祖宗的教训和箴言。我的父亲总喜欢说，认认真真地做人做事，做人做事得给别人考虑，千万不能自私。在二〇一几年的时候，我的父亲提出要为我的爷爷奶奶，也就是他的父亲母亲缮墓修碑，我万分同意，于是前后找到周氏家族的亲朋好友前来祭奠。之后父亲又提议要重修周氏祠堂，重新整理族谱家谱等。他说：“这个是老祖宗的东西，到我们这代千万不能给弄丢喽，要一代代传下去。”我和我的兄长欣然同意，当时去了老家后山上的祠堂考察了很久，又再次认识到，一个家族无论是家训名家，还是世系高门，儒礼传家，家风纯正，每个家族都应该秉承祖上遗风，制定家规家范，严厉约束家族子孙言行，确保家族优良家风得以延续。后辈们也应当使家风家训内容丰富，思想深刻,再被后世奉为家训圭臬。这是当今时代主流价值观民间表达的生动典范，影响极其深远。当然，家风家训包含着许多合理内容，但也存在着许多糟粕，需要在实践中加以批判地继承。 我和我的兄长说了我的看法，他也十分赞成。这些孙辈听说了要追根溯源，都很感兴趣。我想，这才是一个家族\一个国家能够源远流长，发展壮大该有的面貌。

越来越爱笑的爸爸

家风之悟：诚为根本，与人为善

诚实待人 严于律己

相比于我父亲提到的严于律己、宽以待人、做事务必认真谦逊来说，最常听他强调的还是诚信，真心待人，本分做事。要想做好事，首先得做好自己，做一个诚信的人。都说诚信不仅是企业立基之根本，也是家庭立家之要。诚信这种品德是可以让人获益终身，获益方方面面的。如今，企业要想做大，你不和你的合作伙伴推心置腹，别人也会和你玩心机、耍花样，最后弄得鱼死网破，都得不到益处，损了自己，也害了别人。对待自己的员工，要不吝赞扬，不嫌教导，为的就是让他们可以在企业的大环境下形成正确的人生观、价值观，并用这种观念推己及人。现在不乏老板和员工闹矛盾的情况，而原因也就是他们之间的互相不理解，不能站在对方或者都站在更高的角度考虑，也就失去了善德的福源。诚信是我国的核心价值观，只有诚信之后才能友善待人，才能做好自己分内的事情。对自己不诚信就是自欺欺人，对别人不诚信就是哄骗欺瞒，对国家、对社会不诚信的危害将更大，不忠不孝又都与诚信挂钩，所以，我一直深谙诚信必须是企业文化之根本养料，得此企业才可以生存。一个人可以没有能力，可以脑袋愚笨，但是不能做出欺诈哄骗的事情。我也决不允许企业的员工存在这样的行为，哪怕有一丁点的想法，往小里说只是危害企业利益，但每个人又不限于某个场景下的特定角色，他会是一个员工，也是一个父亲、一个儿子、一个公民。只要有一丁点的不诚信，危害就会涉及这些场景的方方面面。鉴于此，诚信是良好的家风，也是必需的企业文化。因此，我在建立公司之初便规定中轩集团的企业文化围绕品和德，中庸之道、气宇轩昂，中庸文化是仁、义、礼、智、信，人品赢人、企品赢心、产品赢信，等等。企业要致力于为客户创造更高价值、为员工谋取更多福利，所谓国无德不兴、企无德不盛、家无德不旺、人无德不立。

爸爸和妈妈

以德为基　以诚为本

一个心怀感恩、诚信之心的人也甘愿助人为乐，给予他人帮助亦是帮助自己，胸怀也是无比坦荡磊落；那些不怀感恩、不守诚信之人，心也是凉的。有人谋取蝇头小利，把自己局限于狭隘的空间；有人则把眼光放长远，格局大了，心胸也就自然开阔了。子曰："人而无信，不知其可也。大车无輗，小车无軏，其何以行之哉？"孔子说："一个人不讲信用，是根本不可以的。就好像大车没有輗、小车没有軏一样，它靠什么行走呢？"我曾在博鳌儒商研究院举办的"新儒商企业领袖"课程发布会上提出，儒家思想是与时迁移、应物变化的，是顺应中国社会发展和时代前进的要求而不断发展更新的，因而具有长久的生命力。"用中华优秀传统文化培育企业家精神，涵养企业文化"，而诚更是紧密贯穿两者的相通之处。我曾大力倡导大家一起重温中华文明源头活水《周易》，这是中国传统思想文化自然哲学与人文实践的理论根源。其中的九四爻辞这样写道："九四：睽孤，遇元夫。交孚，厉无咎。《象》曰：交孚无咎，志行也。"这里面的哲学含义便是：以诚信相交，是求同存异的根本保证。这也与我们"博鳌儒商精神"五戒中的"为人戒假求真，交往戒伪求信，处事戒虚求实"不谋而合，也只有这样才能塑造"诚信为本"的品牌之道。

家风之力：源头活水，佑后善德

家风根深　后嗣受恩

倘若说我的事业能有半点成绩，都应归功于我的父母。我的父母不曾对家庭和我们兄妹仨的未来做太多的规划，他们能想的只是无论如何都要把三个孩子送到学校里读书，接受教育，教育他们要考上大学，不用继续做农民过苦累日子。但现在回想，这也是对我们兄妹仨的命运甚至家族命运的改变。我的父母付出了不知比当时同一情况的家庭父母多了多少的心血，也有着誓要让我们读上书的觉悟，这是最好的规划和预判。他们规划到了今后的一代、两代、三代甚至更多代的后辈的命运，给了他们更多的机会和机遇，让这种精神财富世世代代传承发展壮大下去，而这种精神财富无疑是有价值的。他们教导说："读书才能是唯一的出路，才能走出去看到更多的东西，才能不枉活这一世。"每一代家族的经营最多是二三十年，后继的子子孙孙都有着自己的经营方式，但是家风、家族信念的传承是祖祖辈辈的，它是一个家族可以不断汲取养分的根，是家族即使开枝散叶也不会忘记的本，也是每个后辈砥砺前行的意志体现。

以爱润德 传承家风

相比于那个时代的其他家庭，我觉得我的父母的教育观念是较为开明的。一个孩子从呱呱坠地起，就在接受各种启蒙教育了，父母就是他们最早的启蒙老师。这时起，父母的一言一行都在或多或少地影响着孩子的成长，他们从生活的点点滴滴中，接受着来自父母的教育和影响，而且这种影响会伴随孩子的一生。我的父母不是那种明明知道自己错了，还要无理辩三分的人。我觉得这就无形中告诉孩子，将来孩子做错事的时候，也可以像他们一样巧言善辩。我的父母也不是那种自己家孩子犯错了，硬是说成别人家孩子哄骗的、威胁的、利诱的……对孩子一味地纵容、溺爱，予以错误的引导。就像刚刚提及，我的父亲是万分看中诚信的，只要是假的事物，不对的东西，他半点也不会容许，如果家庭教育没有把握到位，就像修房子时将地基弄歪了，技艺再高超的师傅也无法完成房屋的修建。

孩子就像那棵小树苗，家庭教育就像扶苗的护杆，要随时随地正确地辅助孩子，言传而身教。家庭教育产生家风，家风好坏也能展示出家庭教育状态。家庭教育决定家风的结果，家风反映家庭教育的状态。优良家风是中华优秀传统文化的一个重要部分。早在夏商周时期人们就注重祭拜家族祖先，这也是家庭孝道文化的渊源。随着孔子儒家文化的兴起并占领思想统治地位，"修身、齐家、治国、平天下"成为中国士人的人生追求，明确将个人、家庭、社会连接在一起，使得家庭教育彰显了提升个人道德品德修养、治理家庭家族、为社会做贡献的功能。如果说我的父亲重在身教，那我的母亲就是看重言传的影响。用餐的礼仪、与人打交道的礼仪、待客的礼仪等都是由我的母亲传授于我的。我也很佩服我的母亲，她没有经受过教育，没有踏入过学堂半步，却是字字句句都潜移默化地在正确的方向上影响着我们兄妹仨。家庭教育最大的成果就是培育了优良家风，家庭教育最大的成功就是传承了优良家风。一个人的道德品质也折射出家风的好坏，良好的家庭教育必然重视道德教育，所形成的是重视道德修养的家风，往往培养出品德高尚的人。好的家庭教育有助于形成优良的家风，不注重家庭教育往往难以形成良好家风，甚至形成不好的家风。家庭教育直接影响家风，家风展示家庭教育的成效，是家庭教育评价的一个显示指标。

如今，我也会像当初父母教导我那样给我的孩子上家风教育课。周氏家规上有一句话："贵人之心贵己，爱己之心爱人。"教导孩子为人善良真实是首要，没有贵人、怜人之爱，自我的小爱就干瘪乏味。不用爱己之心待人，自我的小爱也不会有何意义。倘若小爱都掌握不好，那就离家族国家的大爱甚远。我极力要求我的孩子要把《弟子规》等国学经典名篇背下来并理解，这个过程中我也在和孩子重新学习。鸦有反哺之义，羊知跪乳之恩。反倒是不在意、不起眼的小事却能体现出深厚的德善。好在孩子也非常喜欢这些经典著作，常让我每次多教给他们一点，让我欣慰。我也常给孩子说要珍惜兄弟姐妹之情。在过去，兄弟和而家不分，父子和而家不败，和谐美满的家庭氛围仍然是家庭教育中至高的追求。虽然孩子现在还小，但是不立根本就不会生出德善之道，有了根本之道才能对之后的是是非非加以思索和探求，才不会因别人讲我们不好而生气难过，也不会因别人说我们好而过分高兴，而是知道这不好中有好，这好中有不好，就看自己会不会用。学家风就是在学做人而已，拥有了家风的道，就能凡事站在别人的角度为他人着想，也就有了慈悲之怀，不会因为别人的愚疑而烦恼自己，不会因为别人的冒犯而痛苦自己。

温馨一家人

父母大善 成就大我

在家人的支持下，我于2012年成立苏州中轩古建园林工程有限公司，在集萃三千年中国园林文化的同时，精研优秀传统文化，并以活态传承非物质文化遗产为宗旨，开办了“中轩大学堂”，旨在以产教融合发力，用国学化育企业文化，推动非遗薪火相传。以“本立而道生，修己以安人”的管理智慧淬炼人品、锻造企品，以“至诚尽性，无过不及”的中庸之道打造产品，做到人品赢人、企品赢心、产品赢信。2014年成立了苏州中科城建特种技术工程有限公司，秉持“中庸之道·科技创新”精神，以苏州科技大学为技术依托，拥有一个以结构专家、教授、设计师、建造师为主体，施工经验丰富的技术人员为从体而组成的专业加固、拆除公司，具备特种工程承包资质、建筑工程施工总承包资质、钢结构工程专业承包资质。2016年成立了苏州德先医疗科技有限公司，具有为各类医疗机构提供专业服务所必需的设备和专业技术能力。2019 年儒商研究院及华企在线成立，等等。而这一切，无不受于我父母德育善育的影响。

对于选择客户的合作，我也是有的放矢，断舍离；对于一些缺失信誉的客户果断摒弃，加强与优质客户沟通协作，基于传统建筑文化的传承与挖掘，以及围绕中式文明展开现代服务与文明传播。在我看来，失信失诚的人不值得深交。“芳林新叶催陈叶，流水前波让后波。”我们以敢闯敢干的勇气和自我革新的担当，闯出一条新路、好路，实现从“赶上时代”到“引领时代”的伟大跨越。对于企业内部的管理，我一直强调员工要树立主人翁意识，认识到“勤则不匮，心有所向，方能行远”。“积力之举，则无不胜也；众智之所为，则无不成也。”有人说生命的底色是苍凉的，可我宁愿相信生命的底色最初并非缤纷夺目，但每位奋斗者都在竭尽所能赋予它新的色彩、新的温度、新的能量、新的趣味，企业发展亦是如此。当前企业家如何在企业中落实国学教育已经成为痛点、难点，为此，我们也依托博鳌儒商研究院大力兴办“新儒商企业领袖”课程，帮助企业成长，充实企业文化软实力和经济硬实力，汲取新儒商精神的正能量。这是一个从理论上升到实践，又从实践回归理论的过程，而新儒商学堂的愿景是打造新时代儒商交流互动的高端平台与发展智库；宗旨是道创财富，德济天下，以儒促商，以商报国；使命是传播中华文化，弘扬儒商精神，帮助企业成长，助力民族复兴，促进社会和谐，推动世界大同。为中华民族的复兴大厦铸造企业界的栋梁。因此，博鳌儒商研究院特开办新儒商学堂，开展并举办首期“新儒商企业领袖研修班”，旨在培养新儒商领袖，开拓新时代新儒商的新视野、新格局。

要想拥有大德大善，务必积极投身社会生活。公司设立“中轩奖学金”回馈多所高校，资助云南贫困学校；联合苏州市徐州商会向各方共捐款捐物合计人民币 100 万元；向苏州大学附属第二医院捐赠手术衣裤近千套等，希望通过自己的努力为社会多做奉献，回报社会。在父母的熏陶下，我非常感激母校的培育，为了砥砺母校学生更好地学习，促进母校更好地发展，公司在 2018 年毅然决定在母校设立“中轩奖学金”，勉励学生拼搏上进、刻苦学习，用知识改变命运。“凿井者，起于三寸之坎，以就万仞之深”，希望学生可以耐得住性子把书读进去，然后走出来，成为“有志”之人。如今，我也仍然是个学生，从2012年创办苏州中轩古建以来，从未停下探索古建领域的步伐，“复兴中国人居文明·表达全球文化自信”的想法也已经在心中根深蒂固。我师从香山帮传统营造技艺传承人，早些年先后去了日本、韩国等地游学，潜心学习建筑文化，对“匠心”二字颇有感悟，回国后对民族深层文化又不断探究，并以活态传承非物质文化遗产为遵旨，开办了“中轩大学堂”，旨在以产教融合发力，用国学化育企业文化，推动非遗薪火相传。以“本立而道生，修己以安人”的管理智慧淬炼人品、锻造企品，以“至诚尽性，无过不及”的中庸之道打造产品，做到人品赢人、企品赢心、产品赢信。我认为建筑与环境可以充分利用“灰空间”来淡化建筑内外的界限，寻找传统和现代的契合点，从空间意象的理解和材料性能把握等方面着手，在中国院子的营造实践中淋漓尽致地勾勒两者的有机整体。

我总结的家风影响是：家风无形，深深佑人；家风有形，铸我根本。我想整个中国的家庭大都和我一样，家风灌注在血脉之中，身体力行，言传身教，从此长葆成为子孙兴旺、家业昌隆的不竭动力。

幸福的一家人

第九章　爱与传承

董钰欣口述，孔锐撰稿

董钰欣，1988 年生，祖籍广西，中山市梦艺古典家具有限公司董事兼总经理，博鳌儒商论坛精英人物，中山市国学促进会副会长，广东省青年企业家联合会会员。

我是董钰欣，我要讲述的家风，以及我对公益的理解，是一个个关于爱与传承的故事。

严厉的父亲，深沉的爱

我出生在广西，很小的时候就跟着父母来中山了。在来中山之前，我的父亲是做矿场生意，包括开采、加工，以及买卖之类的。在那个年代来讲，算是做得很成功，所以我从小家境还不错。我们家是一个传统的家庭，父亲非常严厉，在家里说一不二，非常有权威。我总共有七个兄弟姐妹，我排第五，从小就得到母亲特别的疼爱，至于父亲，由于小孩子太多管不过来，他就只是管住调皮的那个。我小时候不调皮，非常乖，所以父亲不怎么管我。父亲在家里很少会当面训斥我，我所受到的教育，都间接地来自我的哥哥们。

吃饭不可以迟到

父亲不太爱说话，也正是因为这样，越发显示出他的严厉。他给我们立下很多规矩，虽然不是白纸黑字写下来的训条，但是因为他会反复说教，谁犯了错都会被惩罚，所以我们印象很深。比如说，我们不能因为贪玩而错过吃饭时间，这是很重要的一件事。如果没有按时回家吃饭，轻者罚站，重者罚跪。不是跪他本人，是跪祖先。

父亲与我

我记得有一次，我二哥因为某件事情吃饭迟到，于是就被罚了。但是那次迟到是因为要去帮父亲办什么事情，并不是贪玩，所以说二哥是被冤枉的。父亲可能自己都忘了交代二哥去办事，而二哥也是个犟脾气，竟然也没有辩解，直接就去跪祖先。跪了一会儿，父亲有点不忍心了，那时我们其他人都已经在饭桌上吃饭了，父亲就想让他起来拿碗去装饭。我父亲其实是一个不擅长表达的人，而且他在这么多孩子面前要保持家长的威严，他就看了二哥一眼,然后叫了他的小名。二哥那时正在赌气,便很生硬地吼了一嗓子：干吗！父亲一听，觉得二哥态度不好，还敢顶撞他，就又训了他一顿，问他：你是不是还不服气?！是不是觉得我罚你罚错了?！又说：如果你认错，现在就回来好好吃饭，否则的话，等一下我罚你罚得更严厉！于是二哥就不敢作声了，只好承认自己错了。

这个故事发生的时候虽然我还比较小，七八岁的样子，但我一直都记得很清楚。我自己因为是女孩子,而且小时候很乖,可能更加得到父亲的疼爱吧，他很少罚我。我印象中只有一次被罚，也是因为吃饭迟到，现在回想起来好像做梦一样。

小时候父亲跟我们说得最多的一句话就是：做任何事情都要规规矩矩，不能犯错。他经常强调做人要懂得敬畏，懂得服从，只有在敬畏与服从的基础之上，才能赢得他人的尊重。就像按时回家吃饭这件事，对他来说不单是一个时间问题，而且是一种明确的规矩，谁要是不遵守规矩就是犯错，这是不允许的,会被惩罚。父亲的说教和惩罚会一遍又一遍地给我们树立这些观念，所以我们兄弟姐妹从小就有很强的规矩意识，跟父亲的教育有直接的关系。

不可以贪小便宜

在我们家里，各种设立了规矩的事情，除了吃饭迟到以外，还有比如说我们小孩子调皮捣蛋搞破坏，或者在外面跟别的小孩打架等这些都是明确禁止的。当然在别的家庭里面，其他父母可能也是这样子要求的，但我们家比较特别的一点是，父亲不允许我们贪小便宜。

我们在乡下的时候，小孩子摘别人家水果、偷人家花生什么的都是比较常见的，但在我们家是绝对不可以的。父亲说这些就是贪小便宜，如果他知道我们犯了，就会罚得很严重。除此之外，父亲还规定我们不可以去同学或者小伙伴家里吃饭，甚至不能吃别人家的一颗糖。这在其他人看来似乎有点难以理解，但是按照父亲的观念，我们吃了人家的东西，却没有能力去回报，那就是贪小便宜。所以我小时候从来没去过别人家吃饭。

这样的管束一直持续到读完小学,后来上初中以后,一方面是我住学校了,另一方面是自己也有了一点生活费可以打理,可以跟同学朋友们“礼尚往来”,那么他也就不太管了。

严于律己，吃亏是福

受父亲影响，我们兄弟姐妹几个从来不贪别人的便宜，都是给予和付出。当然别人也会有付出，但他们通常只是付出一点点，而我们的付出是全身心的付出，不一样的。我们现在虽然长大了，但还是非常规矩，为人也很热情，喜欢帮助别人，所以朋友很多，自己做点生意，兄弟姐妹基本上如此。

不管遇到什么事情，父亲都是要求我们首先审视自己，检讨自己的错误。比如前面说到的二哥吃饭迟到，按照父亲的想法就是，不管是什么原因迟到，你都先要反思自己：为什么会迟到，为什么没有提前安排好时间，等等。反思之后就要勇于承认自己的错误，因为吃饭时间不是临时设置的，是早就约定好的，那么你没有准时到场就是你的错。这种教育对于后来我们的思想、行为，以及对社会上人和事的看法等，影响是很大的，不管对人还是对事，我们总是会习惯性地先反思自己的过错，对自己的要求很高，但是对别人却不会苛求。

小时候我哥哥是孩子头，偶尔在外面跟人家起冲突也是有的，但是父亲知道了一定会批评他，他觉得即便你有道理，你也是不对的——跟人家吵架、打架就是不对的。但凡是我们在外面跟人吵架、打架，他都一定会批评我们。他经常说就算吃点亏也不要跟别人吵架打架，吃亏是福！这是他跟我们从小讲到大的，可以说我们几个都是从小吃亏长大的，这就是受到父亲严加管教的结果。

母亲和子女们

我们这么多兄弟姐妹，到了社会上每一个都循规蹈矩，没有一个不守规矩的，用广东话讲叫“行差踏错”，就是没有一个干坏事的，连干坏事这种念头都没有。真的，这并不容易。站在我父亲的角度讲，他成功了，他就希望我们不要做坏事，不要做犯法的事，遵纪守法，这是底线。

教育以德为先

父亲对我们的教育十分重视。虽然他的生意并不总是一帆风顺，中间也经历过一些波折，但不管什么时候，父亲总是说，我们兄弟姐妹几个只要肯好好读书，他就会给我们提供足够的条件；如果我们想一直读下去，他砸锅卖铁也愿意供我们去读。

然而很有意思的一点是，父亲从来不在乎我们的学习成绩，不会过问我们的考试成绩什么的，他也不过问我们花了多少钱之类的事情，他对我们的所有教诲、所有期待，都是要做一个好人，做一个道德的、正直的、善良的人，他的重点一直都是教育我们如何做人，哪怕到今天依然如此。

正如我前面说到的，在教育我们做人的方面，父亲有很多规矩，很严格，他对于什么是“好人”有自己的一套标准，这并不容易达到。正是因为父亲的教育，我长期以来对自己要求都很严格，各方面都很自律，以至于我的朋友们有时候会抱怨说在我身边压力挺大的，可能就是我会要求比较高吧。我长期以来确实是对自己的要求比较高，因为我觉得要求自己会比较容易一些。

内心藏着大爱

我父亲是真的很内敛，他绝对不会像西方人那样跟我们说“我爱你”啊之类的，他爱的表达是非常深沉的，而且往往表现得很严厉，我的印象中，除了他叫人干这干那，一天里面也很少能听他说上几句话。我觉得这个情况，我们作为中国人应该是能理解的。但是，外国人不一定懂得。我也接触过很多外国人，当我们越来越成长的时候，就会越来越理解，父亲的爱埋得很深。他是那个年代的大家长，是一个大家庭的唯一支柱，不管有什么大事小情发生，他都要能够应对自如，让我们有安全感。正因为如此，他不能随意表达自己的性情，有时候甚至需要隐藏内心最真实的情感。这些不是我们小孩子能懂的，随着年龄的增长，会慢慢有所理解。在那个一穷二白的年代里，父亲能干出一番事业，并且把我们抚养长大，教育我们做人做事，这个已经是很不容易了。

父亲外表看起来十分严厉，但是他的内心里深藏着大爱。记得小时候父亲做矿场生意的时候，收入算是很不错，在整个村里，我们家的条件算是好的，因为当时大家都不富裕，物质方面都比较匮乏。我父亲时常会买一些肉或者骨头回来，拿一个大锅煮了，请大家一起来吃。印象最深的是到了中秋节的时候，因为我们家是大院子，全村人都会来看电影，一边看电影一边吃，非常热闹。这算是父亲的一种大同心吧，是他的大爱。

父亲的爱很柔软、很细腻，不只是对人，还遍及万物。记得小时候，我大姐养了一盆太阳花，她把它放在院子里。有一次她忘了浇水，那天太阳又很大，就把花给晒得不行了。当时家里其他人都没怎么留意，却被我父亲看到了，他就骂了姐姐一顿，意思是说，你要么别养花，要养的话就要把花照顾好。他是用方言讲的，语气比我现在转述的要更重。我当时心里感到很奇怪，这么一个威严的人，他怎么会注意到一盆小小的太阳花呢？也是到了后来才慢慢地理解父亲。

坚强的母亲，温暖的情

我的母亲非常坚强。父亲生意遭遇波折的那段时间，我们家的日子过得比较艰难，记得那时母亲陪伴父亲到全国各地开拓生意，真的是非常艰苦。我们家里有一张老照片，母亲看上去很瘦，瘦得都不像她自己——那是艰苦岁月的真实写照。

有人说，“母亲是大地”，我觉得一点都没有错，她承载着整个家庭，给家人爱和温暖。母亲的生活态度，让我看到女性的伟大。母亲脸上的、眼睛里的沧桑，在我看来美得无与伦比。人不管怎么保养都会老去，但如果把爱给了岁月，全然地毫无保留地付出，那就是值得的。光鲜亮丽的外表会随着时光逐渐褪去，但母亲的美却是永恒的，我认为那是一个女性生命的绽放和呈现！这是我对母亲的理解。有时候我在心里念观世音菩萨的时候，想起的就是母亲。

回家不打招呼

我的父亲和母亲在生活习惯上是一样的，他们一直延续着传统的生活方式。相对而言，母亲显得更加节俭，家里面不管什么大大小小的东西，只要还能吃、能用，她都舍不得丢掉。还有比如说，一样东西，本来是用来干这个事情的，干完之后我们会认为没用了，但母亲觉得还可以用在别的地方，那么她也会收着不丢掉。家里的一针一线、一只旧碗、一块破布等，只要还有哪怕一点点的价值，她从来不会轻易丢弃。

母亲与我

母亲的节俭我是从小就知道的，对我的影响也很大。记得小时候家里做饭，母亲总是担心大家不够吃，就会准备得稍微多一些，所以家里就经常会有剩饭剩菜。这些剩下来的饭菜，到第二天我们都不吃了，母亲就自己一个人吃掉。

我出来工作以后，刚开始是回家住的，从公司到家要开一小时的车。我每次回去都学我母亲，吃剩下的饭菜。母亲经常说要给我重新做，我说，不用不用，我把它们通通吃完，她很开心的。

后来我从家里搬出来了，在离公司近的地方住，一个星期回去一次。每次回家之前，我就有意不提前告诉母亲，因为我知道如果告诉她的话，她一定会在我到家之前就炒好新鲜的菜等我去吃。所以那时我就每次到了家门口，喊一句“娘”，她高高兴兴地出来开门，我就直接上桌吃饭了。她有时候会埋怨我说，回来怎么不提前说？我说：“我提前说，你又去专门为我炒菜，炒了又吃不完，不是浪费吗？你又舍不得扔，放到明天又是你吃！我吃这些很好了，能回家就已经很开心了，没事的。”

母亲那一代人都有节省的传统，我正是传承了她的东西，所以我也不喜欢浪费。我在二十来岁的时候，那时还很年轻，也是很节俭的。不是我不舍得花钱，我也花钱，但是我不浪费。

情义比金重

我从小生活就很节俭，可能是学习了母亲的生活方式，也可能节俭本身就是一种性格，是先天遗传的结果。我母亲是一个特别节俭的人，其实父亲也差不多，他也不喜欢浪费。

然而在对待钱的问题上，其实我也不是一味节俭，包括我母亲，她也不是这样的。母亲从小到大就跟我们反复强调一句话：“情义比金重。”她从来不讲高深的道理，她也不会立下很多规矩，她就讲这一句：情义比金重！不单对我讲，对其他兄弟姐妹也是一样。

比方说，以前母亲经常会跟我讲，将来找老公，一定要找个重情重义的。母亲从来不提男方家庭经济条件之类的事，她就是觉得我要找一个好人，一个懂得疼我的人。我很年轻的时候，对母亲的这些话并不是特别在意，可能那时候人生经历和思考各方面都比较少吧，后来就慢慢理解了。

我这么多年在外面做生意，难免会有很多的开销，如果是工作原因需要花钱的话，我从来不去计较。不管是拓展业务也好，或者是人情往来也好，该花的钱我一定会花，而且一定会花到位。有时候人家可能觉得我有些钱可以不必花，尤其是人情往来的那些，但我不这么看，在我的观念中情义是排第一位的。

女孩子不能喝酒

母亲从小就很信任我，长大以后，更是从来不会质疑我做的任何事情。她不会像别的母亲那样操心，那样问长问短，因为她知道我做事情有自己的分寸。但是母亲也有她自己的原则，我走上社会之后，她就给我一句忠告：女孩子不能喝酒。

母亲说过，只要我不喝酒，其他无论我做什么都行，她都不管。当然不是说真的我做什么都可以，她这样说也是知道我不会去干乱七八糟的事情，她对我是放心的。很有意思的是，别的妈妈经常跟女儿说的那些话，比如说，要提防男孩子，不要被骗，还有如何识破别人的骗局，诸如此类的，母亲从来没有对我说过，她根本不提这些东西，对她来说，我只要答应不喝酒就行了。

母亲、二哥与我

老实说，如果生意真的做得很大，有时候喝酒是很难避免的，这个大家也都能理解。但我也是很听母亲话的，这么多年来，我也接待过一些非常重要的领导，以及非常成功的企业家，当然还有真诚相待的普通朋友，不喝酒这个立场，我确实坚守住了。生意场上不喝酒，还能跟大家成为朋友，我觉得这是我做生意的方式，也是对社会流行观念的突破！

喝酒这个事情，对于男性来说就不是个问题。我相信，母亲不会要求我的哥哥们不能在外面喝酒。因为我是女孩子，本来就没什么酒量，母亲大概是担心我喝了酒，乱说话得罪人，而且我自己可能都还不知道。她觉得按我这种性格，说错话是有可能的。但是至于其他方面，她对我还是信得过的。当然这是我自己的猜测，至于真正的原因，我也没有问过她。她这样说，我听就行了。

母亲的因材施教

母亲对我们兄弟姐妹的教育，很多时候是在闲聊之中潜移默化进行的，而且她会根据子女不同的脾气性格，有针对性地谈话。记得有一次，母亲跟我说起邻居家的女儿结婚了，然后就开始评论她的性格如何，现在生活如何。我就问母亲，这些话你怎么没对我说过？她说你是我生的，你的性格我还不了解吗？有些话说了也没用啊，改变不了嘛！

从那次起，我才意识到，原来母亲跟我们谈话都是有针对性的，跟不同子女谈话，内容是不一样的。包括刚才说到的母亲不让我在外面喝酒也是一个例子，她不会跟哥哥们这样说。还有很多类似的例子，她跟我聊的话题，和跟我姐姐们聊的话题也是不同的。事实上母亲是很欣赏我的，她觉得我很勤奋、很节俭，非常符合她的期待，而且我长期以来都比较独立，比较能干，不需要她操太多的心。

母亲对我很少说教，她不会说大道理，她都是靠行动来影响我的，从她身上我看到了一个传统女性应当具有什么样的美德。我以前觉得母亲一辈子不容易，生了这么多小孩，又曾经跟着父亲到处漂泊，她为这个家付出了太多。她总是那样默默地奉献，也不求任何回报，实在是很伟大！我以前觉得她为了我们牺牲了自己，但现在发现，她的这种付出是值得的，冥冥之中会有回报。现在不要说自己的儿子、女儿，哪怕是女婿，每一个都对她非常好，待她就像待亲妈一样，所以她现在很快乐。

心路的转向：从西方回归传统

传统家庭与西方观念

我们国家目前的教育方式，不管是家庭教育还是学校教育，我认为是很好的，适合中国的国情，但小时候并不懂得，现在回想起来，我也曾对这种教育方式感到有些疲倦，总想寻求有些新的东西。还有，以前会觉得，中国的孩子在家里有些过于压抑自己内心的情感，这我也不喜欢。

当时西方的思想、文化逐渐引进、渗透到我们国家，在年轻人里面特别有市场。由于某些机缘，我初步接触了一些西方的东西，有了粗浅印象。一开始我觉得西方的观念很好，跟我很契合，所以那个时候我是欣然接受的，甚至会有一种如鱼得水的感觉，觉得我当下的思想挺有型，我本人也挺有存在感的。然后就对中国传统的东西变得有些排斥，至少是对很多东西越来越不认同。

随着渐渐长大，我就意识到我们国家传统的教育方式，在世界范围内并不是绝无仅有的，其实西方的传统教育、传统观念，也有很多跟中国相类似的地方，只不过西方近代以来思想、文化方面变化比较大。觉察到这一点之后，就让我更加深入地去审视我们的传统，而这种审视相对来说会比较客观公正，就不再是戴着西方的有色眼镜来观察了。

还有一点，就是现在看来，我小时候不认同传统文化，其实很大程度上是出于对它的误解。以前受到各种社会流行看法的影响，觉得中国在历史上，比如说清朝、明朝的时候，是如何闭塞落后，等等。这些流行看法有些是有道理的，有些则不是事实。

根据我的观察，时至今日很多年轻人也还是像我以前那个样子，尤其是很多从国外留学回来的人，他们可能会难以快速、顺利地融入自己的家庭，或者到上班的企业里，不会以一种接地气的方式去妥善地处理一些事情，尤其是涉及人情世故的事情。这都是我自己也曾走过的道路，所以感触比较深一些。我并不认为自己现在已经很完美，各方面都做得很好了，我直到现在也还在修行、在学习，尝试进一步地回归传统，拥抱传统。

澳门的经历

我曾经在澳门待过三四年的时间。澳门出于一国两制的原因，以及它比较接近灯红酒绿的香港，所以它那里弥漫着很浓厚的西方气息。然而在那里，我觉得虽然西方的东西很不错，但是自己没有根，好像在空气中飘荡一样。当时如果说我只是为了挣钱，那么通过自己的努力，到了四五十岁的年纪时，收入方面肯定是没问题的。但是对一个充满梦想、怀抱理想、热血沸腾的年轻人来讲，这是很空虚的事情，非常空虚！

后来机缘巧合，我认识了一个朋友，在他的影响下，我接触了很多我们中国的传统文化，重新认识了传统文化，然后慢慢地我就变了一个人，真的是完完全全转换成为本土规则。现在回忆在澳门的那段时间，我觉得冥冥之中是一种安排，是让我去看一个花花世界，让我经历一些事情，见识一些场面，见识一下世界，大概意思就是这样。然后内地以后，我就不会再想那些漂浮的东西，我就一心一意做好自己的事情，就像一个石头扔在水里，一下子沉下去，越沉越深，而不是漂浮在表面。

我有一个朋友，是我刚从澳门回来就认识的中山人，是一家银行的行长。若干年后我再见到他，他说我是最经得起革命的人。这话不是他直接对我说的，是他有一次和别人聊天时这么说我，而我刚好在旁边听到了。其实我自己倒不觉得这有多么难以做到，不过我真的是一心一意地去做一件事情，不受外界任何的诱惑和影响。如果我是经不起诱惑的，我是爱玩的，那么我当时大可不必回来，我完全可以好好玩，在花花世界里面玩到很疯狂，去享受挣钱带来的自我膨胀，以及花钱带来的快感和刺激。然而在我的内心早已拒斥了那样一条道路，我已经认定了自己的目标和方向。

转型与创业

从澳门回来之后，我加入了一家做红木家具的公司，是因为它做得比较大，业内是有一定名气的。当时很容易能够接触到那些比较有学识和修养的前辈，我们这个行业，很大程度上就是依靠他们而存在的，因为一开始只有他们才会去欣赏这些东西。然后我就发现，这个就是我要的呀！这是我心里面一直在寻找的东西！于是我就一头扎进去了，然后才有了刚才前面谈到的这些所谓的领悟和理解，找到自己心里面想要的一些东西。

后来我离开了那家公司，选择了自己创业，当然还是在红木家具行业。按我现在的理解，企业是一个动态的东西，它也需要成长，它处在每一个阶段时所肩负的责任也不一样。既然是成长，就得有个过程。我也很清楚，这个行业是急不来的，但是我很享受这个过程，它既是我兴趣爱好的一部分，也是我修身养性的一部分。我不需要也不能够去揠苗助长，现阶段不再需要花费很多精力和时间在我的公司上面，因为它已经上了轨道，所以我就有更多的时间投入自己的家庭，以及我的副业上面（我现在依然在创业）。所以这相当于是一个我给自己打造的平台，既是我的兴趣爱好，又可以交朋友，还可以赚钱。在这里，我认识了一群志同道合的朋友，我现在可以说是全世界都有朋友。

母亲、大姐、嫂子和我

所以，其实这也是我给自己保留的一份成就感，因为我真的不想庸庸碌碌过一辈子，一辈子说不定很快就过去了，就这样完了。我们经常说，如果在世俗方面你没有创造一番事业，那起码要在心灵上、精神上得到成长。当然，我本人也很希望在这个世俗里面有所成就，这也是一个成功的标志呢！

公益传播爱的种子

由于从小在家受到父母的影响，我对公益事业比较关心，但凡能多做一点公益，我就很开心。很久以来不管在哪里，比如商会，或者有时候去政府部门开会，我都心心念念想着公益。可以这么说，实际上是公益的念头推动我去创业的，否则的话，我真的就没有必要再去做了。

对众人有益的事就是正确的事

我对公益的理解可能与一般人稍有不同，它并不是单纯捐献多少钱的问题，而是我要尽可能地去做对众人有益的事，对众人有益的事就是正确的事。

我手下一开始只有六个员工，工厂最多的时候有四五十个，现在少一些，也有十几个。我每年都在给他们整个村做贡献，我们不讲具体数字，这样说吧，整个村的人都知道我，小孩子们看见了，都“董姐姐”“董姐姐”这样叫我。从最低程度来讲，起码人家都很尊敬我，因为我给他们村的经济带来了正面的影响，让大家伙儿有钱赚，这就是公益的一个方面。

我是做企业的，别人称我为企业家，但企业家也是人，人或多或少都是有脾气的，如果不是一种责任感在推动我的话，哪天情绪一上来，一闹脾气，我就不干了。作为普通工人，一份工作大不了就不干了，换一份也照样过日子。但是作为企业的负责人来讲，我肩上的担子是很重的，因为我要对我的员工负责。任何一个企业家，不管他做得很大还是很小，哪怕他只有一个员工，也都是一样的，因为他不只是为自己工作，他还有别的需要照顾的人。

我的工作照

我觉得当我身体健康、头脑清醒的时候，要去尽量多做一些对社会有贡献的事情，有意义的事情，就是在这个没有意义的人生里面寻找一点意义吧。有的人可能更喜欢聚在一起打扮得很精致，享受下午茶，或者喝喝小酒，聊一些无关痛痒的话题。对我来讲，这是很空虚的事情，很难受的事情。如果有活儿给我干，我的整个状态就会非常好，就很有活力，感觉到自己在做正确的事情。

帮助孩子们

此外，还有另一种形式的公益，我以前常去学校给那些所谓“边缘”的孩子做辅导。其中有一些孩子是很叛逆的，那时候网吧很流行，他们不读书，天天去泡网吧。还有一些孩子是有孤独症的，我会去试着帮助他们、陪伴他们。那个时候，我感觉像是一颗爱的种子在心里开了花，发现原来我可以这样子做公益！表达爱心的方式有很多，不一定每个人都要像那些伟大的企业家，去捐很多钱，其实我这样也是在为社会做贡献！

之前我去过一个清远的学校，它专门接收一些被其他学校开除的学生，一些边缘的孩子，他们有些是有抑郁症，要么就是很叛逆，总之都是一些特殊的学生。我去跟他们沟通交流，给他们做辅导，他们最终被我感染甚至感化了。场面非常感人，当他们抱着自己的爸爸妈妈哭的时候，我也哭了。我意识到，原来我可以这样子做公益的啊！我改变了一个家庭，让他们触碰到生命最柔软的地方，让他们认识到教育不只是骂和打，更重要的是互相的沟通。

此外，还去过广州番禺一个收留孤独症小孩的地方，以及类似的其他一些机构，现在回想起来，都是很多年前的事了。这些事情都在我心里留下同一个问题，就是如何去帮助他们、陪伴他们。然后我也能看到他们内心的一些东西，生命对我的触动真的非常大。从那以后，就觉得原来我这么年纪轻轻，也是可以为社会做贡献的，也是可以做慈善的。从那以后，我就立志要做一个正能量的人，一个正面的、积极的人，一定要带给别人好的影响。

传递爱心：从家教到公益

我们能够给别人的影响，特别是好的影响，很多都是精神上的东西，我觉得最重要的是触动人的内心，激发人的力量。然后你就会觉得生命不仅仅是那么简单枯燥的，可以全面一点、综合一点，然后再去发现自己，成就自己。对我来讲就是心里永远怀着一份爱心，并把它传递给周围的人。这跟我从小受到的家庭教育是不谋而合的。

我觉得慈善对我来讲，就是打开心扉，传递爱心。我没有那么伟大，去捐很多钱什么的。捐钱当然也是有的，比如说，商会搞活动的时候，我不但自己参与，并且会带动一些更有实力的朋友一起出钱出力。对我来讲，慈善或者公益既需要物质的给予，也需要精神力量的传承。

长期以来，我都在自己能力范围之内毫无保留地去做，我不会给一点，留一点，不会的，我全都给。我把我的爱全都付出，我把我的精神全都给予，这就是我所做的慈善。我舍得去付出我所有的精力，我愿意去守护这份善良的东西。

讲到这里，我确实很想要去做一些推动，特别是对一些不太了解慈善、公益事业的朋友。我个人的话，但凡有什么活动，只要是做公益，我都会积极地参与，但是，如果说到出于商业目的，比如帮企业做宣传，或者可以间接地谈生意之类的，说到这些，我就听不进去。

家风因传承而有力量

父母年轻的时候，正是中国一穷二白的年代，可以说是百废待兴。物质上的追求，只是为了吃饱穿暖，供我们读书。中国最近这二三十年经历了迅速发展，到我们这一代赶上了好时代，而父母也已经老了。自己在社会闯荡这么多年，打拼、挣扎、磨炼，克服各种困难，从而体会到了父母当年的不容易。尽管他们在物质上给我的东西相当有限，但是他们教给我做人的良知，却是刻在骨子里的。我想不管时代、世界怎么变，唯有一点不变的就是这个良知，就是为人忠厚的品质，做人做事一直本着良心，抱着谦虚和学习的态度。

有时候也会因为父母不善于用言语表达对我们的爱而有一些气恼，而我们这一代对他们的表达，始终觉得有一些别扭。有时候我也在想，父母对我们那种无私的、沉甸甸的爱，并不是一两句“谢谢您”“我爱您”能够报答的。父母始终理解我、相信我，所以我也时刻心怀感恩，感恩他们，感恩这个时代，感恩社会。长期以来我很努力地工作、学习、生活，就是希望能够回馈他们，然后给下一代更好的教育。

我觉得家风讲的其实就是“传承”二字。我常常思考：我们作为后辈，该如何传承前辈留下来的精神力量？我们又该如何发挥这种精神力量去帮助周围的人，做对社会有益的事？以及我们该如何把这种精神力量传递给下一代？

父母的人生经历，对我有重大的影响，除了前面说的“深沉的爱”和“温暖的情”，我觉得他们身上还有一件很宝贵的东西，那就是忠诚。这个忠诚不仅仅是对别人，也是对自己。正如有一句话说的，对自己忠诚和对别人真诚。所以我一直提醒自己，一定要做一个真诚的人，这是受到我父母的影响。

回顾我一路走来的创业历程，经历过困难和艰辛。当我遇到困难的时候，我不会马上跟父母亲讲，当渡过了这个困难之后，我会轻描淡写地跟他们汇报一下。我不希望他们为我的工作发愁，而他们也能够给予我这种独立的空间，不会过度地限制我，或者说给我设置一些限制，他们会给我去发挥、去创造的自由。

我的生日全家福

对于家族，对于子女后代来讲，我觉得原生家庭就是最好的馈赠。每个人都有自己的原生家庭，实际上我们的一生都会被这个原生家庭所影响。从心理学的角度来讲，我们都是带着父母去上班、去生活、去跟另外一半相处的。我们自己有朝一日也会扮演父母的角色，所以我觉得如果要谈家庭的影响的话，就是要不断地充实自己、提高自己，给下一代良好的示范和指引，让我们的传统文化不断传承下去，不断发扬光大。

第十章　家风润泽 成就大我

徐晓良口述，余展洪撰稿

徐晓良，山东青岛人，出生于1971年。现任博研教育董事长，博研商学院院长，全球博研同学会理事长，广东省工商联执委广东省山东青岛商会会长，中国科学院科创型企业家培育计划发起人，国家文化科技创新服务联盟主任。曾任中山大学EMBA中心主任。博鳌儒商杰出人物。

我是徐晓良，出生在被誉为孔孟之乡的山东。说起我的父母、家风家教，内心首先涌起的是感恩之情。平心而论，今天的我到了知天命之年，在事业、生活方面有了点小确幸，积累了点滴成绩，都缘于我敬爱的父母、我的原生家庭。父母对我的教育仿佛就在跟前又恍如昨日，家风家教似乎有形又似乎无形。

我的母亲：温良贤淑，与人为善

我的母亲王寿香近照

我的母亲名叫王寿香，山东人，今年 78 岁了。母亲主要从事教师职业，当老师前曾和父亲在农村供销社一起工作。母亲身上有着中国妇女的贤良淑德，对我的成长教育影响非常大。

爱家忘己 贤惠孝义

母亲身上有着中国传统女人身上的贤良淑德。在我们家，通常是母亲持家。虽然家务烦琐，可是母亲总是乐此不疲，她曾和我说："你父亲在工作方面做事认真负责，不管供销社分配什么任务都做得非常好，精力有限啊，家里的活就没空管了，那我来把家里的活都干了，这没啥。"我弟弟的孩子出生后，母亲帮忙带孩子期间，即使腰腿、肝胆疼，但也不让我弟弟和他媳妇看出来，怕他们担心。她的母亲和家婆都在早年去世了，她姊妹七个，大哥出外工作和生活，除了二哥，就数她排行最大了，所以家里和睦关系的维系，她起了主要作用。她跟二嫂关系特别好，从不吵架、红脸。她工作后，自己会省吃俭用，常常惦记着为她二嫂和其他亲人置办点东西。家婆在世时，她对家婆也很好。在单位工作下班回家时，常常顺道探望家婆，和她拉拉家常、关心一下老人家的身体情况，不管平时还是过年，都会给他们买新衣服。

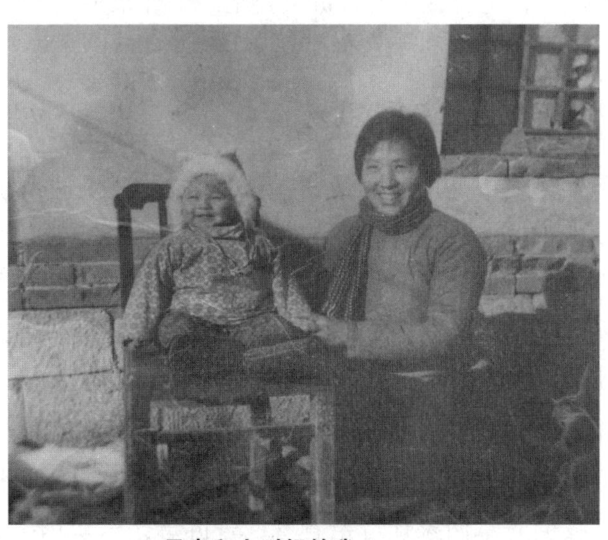

母亲和小时候的我

待人以诚 与人为善

母亲给我的印象一直是很慈祥的。她是一位老师，善于沟通，人际关系好，与人为善。母亲在考虑事情的时候，从来都是先人后己，在她的言传身教下，我也学到先人后己。如在妥善处理家族关系的事情上略见一斑。过去，在父亲的家族里，有些亲戚之间是有很多矛盾的，母亲往往能够妥善处理好这些存在矛盾的亲人之间的关系，把因闹矛盾而不相往来的亲戚再次联系起来，把以前不团结的人又团结起来，她能够把整个家族的关系都协调得特别好，这是母亲让人尤为敬重的其中一点。

我一直认为，在这个世界上，母子关系是最深的，相比母女情、父子情而言，母子情更深。父亲对我的影响主要是事业上的，而母亲对我的影响是塑造了我的人格，引导我去正确对待人与人之间的关系。让我懂得如何与人相处，与人为善。“仁者爱人”，先人后己，“己所不欲，勿施于人”等，我觉得这些都在母亲身上体现出来了。

母亲待人以诚、温文尔雅。她常常教育我不和别人打架、不讲粗言不骂人，我从小就记在心上，出去玩的时候从来不跟外人起冲突，在外面受了欺负，宁可哭着回家也不和别人打架，不骂人。母亲常常和我说，骂人会脏了自己的嘴。小时候，村里有孩子就曾讥笑我是一个外来户，不像本地人。

仁义礼让 感恩知足

年少时，父母讲的话，我都会记在心里。如母亲常常教育我们在生活中要懂得礼让他人。记得在20世纪80年代的时候，电视机是稀缺品。我父母单位只有两台电视机，下面摆了一些小板凳，大家闲时都喜欢过来看电视。每到晚上看电视时，当人少的时候，孩子们就会坐在座位上，当人多的时候，我们会主动站起来让座给别人，当我们让座位给大人们时，他们也从来不坐，也给我们留下很好的印象。那时候，母亲也常常叮嘱我们要记住别人的好，我也记在心上了。如别人给我一块糖，我会一直拿在手里握着，宁可融化了也不会吃，我会先拿回家让母亲看看，告诉母亲这块糖果是谁给的，让母亲知晓，以便日后答谢。因为懂得感恩，在学校读书时，老师对我的印象很好，而我父母与老师的关系也非常好。后来，当我办婚礼时，我的小学老师们都来参加我的婚宴。现在回想起来，我与老师们之所以师生情谊深，与父母对我从小的教育影响有很大关系。

母亲常说这辈子能一起做亲人是大家彼此的福分，一个大家庭只有大家多体谅、多包容才能一起好好相处。当亲人们有困难的时候，有些东西她宁可自己不要或者先不用，也要先帮助他们，总觉得帮助别人的时候内心更高兴。对于物质的东西，她从来都舍得给予，很多人都把她当恩人看待，因为在他们最困难的时候，是我母亲帮助了他们。小叔盖的房子，如果没有我们家的帮忙，是根本盖不起来的。父亲也曾经说，母亲帮自己夫家人比起帮自己娘家人要多得多。不管是物品还是钱，都会直接给亲人，还明确说了不求还。其实，之前父母对自己家的房子也不满意，曾下定决心一定要为孩子们盖起一套好房子，但是，等弄齐所有的材料之后，虽然吃了那么多苦，受了那么多累，当觉得亲人更需要支持和帮助的时候，我父母就把建筑材料等全部给了小叔。还有，如果同事的孩子谁生病了，他们宁可少进货，也要腾出钱来救治孩子。

重视教育 激励鞭策

我大概在 10 岁的时候，每天放学回家都会帮忙干活。有一次，也许是因为不想干活，还是说了不合适的话，我带着情绪蹲在灶台旁边烧火干活，母亲当时正在厨房里烧菜，她看到我这个样子，就说了一句话，到现在我依然印象很深。她当时问我：“念书都念到哪里去了，念书了还是这个样子的吗？”小时候的我理解的念书，就是听老师讲课。那时候的我，一念完书，就想跑出去玩，当时被母亲这一句质问后，自己好像是第一次开始思考念书究竟是为了什么这个问题了。现在想明白了，念书就是学做人的道理。念书是学知识，是学习文化，是学文以载道，学习大道理。母亲那句质问的话，对我的鞭策真的是很大的。后来，我读书更认真了，进步更大了。以前，开学前新书发下来后，我们都会自己包书皮，我是每一本都自己用报纸包得漂漂亮亮的，特别爱护。这些良好的学习习惯的养成，今天看来无不和父母对我的严格要求息息相关。

宴客讲究 和合结缘

小时候，一般大年初三到初五，家里会摆一桌较大的宴席。在聚会之前，母亲就拿出个小本儿，一个个地记，写的都是请谁不请谁等文字。对她来说，请客人吃饭是个大问题，还有就是请了亲朋以后，谁和谁可以安排在一起坐等细节，对她来说也是个大问题，母亲总是非常讲究，正是由于她的悉心安排，每年家宴都办得很顺利。她常常和我说，一年之计在于春，春节就是春天的开始，邀请亲朋们在一起聚聚，既是亲朋情谊的维系，也可以在这一年之初，如有亲人积累了去年一年的矛盾，借助宴席来化解。小时候我不大理解，甚至不大喜欢父母摆这样的排场，长大以后我终于能理解了。诚然，亲友们之间的相处，除了融洽之外，矛盾肯定会发生，例如说有的人可能因为性格、利益、孩子等滋生矛盾。尤其在农村，相比城市，人与人之间的关系相对更加复杂，因为城市流动性较强，流动性的特点导致人跟人之间产生距离，相对而言不会有很深的接触。然而农村却不一样，在这里，祖祖辈辈、世世代代，一代又一代人或多或少地会积累恩怨情仇，导致关系会变得特别复杂，一个组织、一个单位也是一样。每年母亲负责置办的这个饭局，她承担了一个很重要的角色，就是把大家请到了一起，把去年的事情做和解，为去年一年都没有走动的人，借宴席之际坐下来好好交流，在轻松愉悦的饭局中得到化解。宴席上，大家一起喝一杯酒，在一起吃一次饭，握手言和，然后开启新的一年。其实，今天看来，宴请客人这个事情挑战还真是蛮大的，然而我母亲交往力特别强，人缘也特别好，长年亲朋的接触，她得到了大家的信任和尊重，大家伙才愿意听她的安排，才愿意坐在一块儿。母亲也曾经和我说过，善缘的积累也是一种财富。是啊，现在有一种说法叫作感情银行，道理就在这里。

我父母刚结婚时的合影

我的父亲：敬业勤勉，臻于匠心

我的父亲名叫徐升宝，山东人，今年77岁了。父亲曾是一名军人，从部队复员后承包了供销社。工作热情特别高、细心负责，常常看到他的时候，都是风风火火特别忙的样子。父亲不仅擅长商品经营，还有一手好木匠活，会理发。父亲的特点是精于业务，疏于人事。

父亲年轻时是一名军人

业务精湛 认真执着

我记得大学毕业的时候，我想从广东搞一批货物到北方来卖，父亲知道后，他马上告诉我什么货品好卖什么货品不好卖。父亲下海创业以后，搞业务搞经营，但他有时候脾气急躁不善于搞人际关系，优点和缺点都特别明显。

我父亲是一个很认真执着的人。他认真执着到什么程度呢？例如，当年在农村的时候，为了经营好供销社的独立承包工作，他埋头苦干，不知道辛苦和休息，一段时间后，组织上对他非常信任，也赞许他手巧。父亲年轻时候很是好强，工作很认真细致。我记得有一次，为了做好销售工作，他自觉要求自己熟悉商店里的每件货品，如生产资料商店里有抽水机、拖拉机、拖拉机的各种零配件等，做到了然于心，对产品销售无疑助力不少。记得父亲刚刚进入供销社时候，当时的门市部开展了一场销售能力比赛，比赛要求是：蒙住双眼，然后拿一个零件给你触摸，要求说出这是什么零件、是几号零件、它是装载在拖拉机上还是装抽水机上等问题。而我父亲常常在比赛中获得第一，真的做到能够最快最准确地说出答案，我从心底里非常敬佩他，他热爱工作的认真和执着精神对我触动很大。

热衷木工 专心专注

父亲喜欢设计家居，我们家里的家具都是他自己做的。父亲过去很喜欢自己打家具、修理家私家电，我小时候在他身边看着看着，也觉得特别有趣，潜移默化中，自己也养成了喜欢修理东西的习惯。修理东西也成了我的兴趣。有些东西如果坏了，我首先想到的就是先修理一下，不行才再买，因为我对修理本身就是一种热情。它就是我的一个兴趣爱好。所以说，父亲喜欢修理的习惯也对我产生了深远的影响。

父亲年轻时候参军，在部队训练时，他患上胃病，因为没有彻底治疗好，留下了病根。记得有一年，他因胃病复发，到医院动了手术回家休养。当时我很小，母亲担心我在床上蹦跶的时候会碰到父亲的伤口，还特别交代我："你在床上跳的时候，千万别踩到你父亲肚子。"那时候我才明白父亲是做了大手术。可是，没过几天，他还没有痊愈就坐起来了。我记得他当时是用一只手按着肚子，另一只手就做起木工来。他的这种专注力，这份对木工的浓厚兴趣，这种工匠精神深深地震撼了我。母亲问他为啥不躺着养病，他说自己是一个躺不住的人，躺着还不舒服，那还不如起来干活。虽然，父亲在干活的过程中，伤口会时不时疼痛，这时候他的脾气就会不好了，但是，当母亲耐心听他唠叨后，他很快就会平静下来。在做木工的过程中，如果一个环节或者一个地方做错了，父亲就会反复地做，其间也会生一会儿闷气，当母亲在旁安抚一番后，他很快又会专注投入做木工中了。

父亲徐升宝近照

我的家风：平等民主 和谐包容

家是每个人心灵的港湾，家是千万国，国是千万家。人到中年，我与弟弟早已成家立业，父母亲在广州的生活也乐哉悠哉。回头看我们原生态的家，最深刻的印象是平等民主、和谐包容，家风的力量一直护佑、关照着我们在社会上为人处世、待人接物。

2021 年与父母漫步广州琶洲公园

平等互爱 和谐共处

近年，只要我不需要开会，我都会安排时间回家陪父母吃个饭聊聊天。父亲说当母亲知道我要回来，她做起饭来更开心。和父母一起吃饭的时候，我们也是相互关心，有事情总是一起商量。可以说，我的家风，首先是平等互爱、和谐共处，这是挺突出的一点。我们家从 20 世纪 70 年代一路走过来，整个家庭、家族的关系很复杂，但我母亲基本上能把家庭、亲邻之间的事情处理得很好。我父亲年轻时脾气火暴，不善于处理人际关系，我母亲比父亲年龄稍微大几岁，更懂人情世故，更加通达一点。而我母亲的善解人意，善于处理各种复杂关系和烦琐事情的品行和能力，是维系家庭延续的非常重要的因素。今天看来，父母的性格和为人，对我和弟弟性格的塑造是影响很大的。

与父母在一起生活的这些年，家里也有闹不愉快的时候，父母亲也有吵架的时候，父亲脾气火暴，母亲则比较宽容。母亲常常说，父亲在外面也累，所以即使自己再累，也不必他累。几十年来，父母亲吵架后从来不会冷战，当冷静下来后，父母亲会让每个人都说出个人的理由来，因为他们觉得只要说出来，还是可以弄清楚的，他们认为真理只有一个，要服从真理。可以说，我们的家庭氛围一直是非常和谐友爱的，彼此互相尊重、互相谦让。家里经常开家庭会议，他们不觉得自己是父母就高高在上，对孩子都很平等，比较民主。有时候孩子内心对父母有什么不满，都可以说出来。母亲则说吵架是最无奈的一种办法，而父亲常常说：一个家庭没有什么原则性的问题，把事情说开就好了。有些问题是原则性的问题，有些问题不是原则性的问题，不是原则性的问题把它说开就好了。

父母相敬如宾

自律谦和 包容通达

在父母的严格教育下，我从小就非常注意讲清洁卫生，不到 5 岁的时候就能把自己的衣服叠得整整齐齐的，有点家族遗传，喜欢把家里全部东西折叠得整整齐齐；很小时候就养成了不洗手不吃饭、上完洗手间必须洗手、在外面不打架、在家里和弟弟从来不打架、谦让弟弟等品格。上一、二年级时，只有六七岁时，当时我们看的是儿童连环画，因为父亲在供销社工作，也是受了父亲经营商品等言行的影响，当时我会找来一些纸张，把它弄成一个个本子,然后在本子上把连环画画下来。我会把画好的连环画一本一本地往外卖，画好之后挂在家里，每本卖一毛钱，很多小朋友来看，但没多久后，小朋友们都是光看不给钱了,那时候我小小的心灵似乎有点挫伤,觉得有点没有面子，而父母知晓后，对我非常包容，也许觉得只是小孩子过家家的事情，而父母的这份包容和通达对我今天的创业起到了启蒙的作用。

礼让互爱 仁者之心

不仅家里关系和睦，父母在家外也给我们足够的尊重。他们从来不当着外人的面说自己孩子不好，说这是给孩子留有自尊。母亲认为小孩子自尊心特别强，很多父母在街上当着外人的面批评孩子，没有必要，也不合适。小孩子都很天真，大人说什么他们接受比较快。母亲曾说，在我大概念小学的时候，有一次我跟两个小伙伴一起玩，拿着 2 毛钱，其中有一个借了我 1 毛钱买了一个冰棍吃，只剩下 1 毛钱，只能买一个冰棍，但看到旁边还有一个小朋友，所以我就把冰棍分成了两半，跟小朋友一人一半。当时能够这么做，也许这就是家教吧。有一次，我弟弟为了看电影，自己买了一包瓜子吃了，我就批评弟弟，告诉他父母赚钱不容易，要懂得分享。

记得母亲生我弟弟那一年，身体不大好，得了胆结石。我放学后就跑回家，帮忙烧火、做饭，非常体恤父母，担心母亲身体。夏天很热，家里蚊子很多，蚊帐也密不透风，母亲让我出去玩，我硬是要在家陪伴母亲。母亲曾说，在我很小的时候，她抱着我，只要她说一声累，我就主动要求下来，担心累着母亲。

我们家也重视家常礼仪，教育孩子懂得尊老爱幼。有一次家里吃饭，有炒青菜有炒鸡蛋，弟弟就想去夹鸡蛋，我就把弟弟的筷子打掉了，提醒他父母还没有夹菜做孩子的不能先夹。因为在山东，父母还没有入座，孩子是不能入座的；父母还没有夹菜，孩子就不能动筷子。这些，我们都传承下来了。因为从小内心就接受这些传统文化优良品质，已经内化于心，所以觉得是理所当然的。正如母亲所言：有些东西是父母教育出来的，有些是自己悟出来的。

家风润泽 成就大我

如果没有曾经为我遮风挡雨的原生家庭，没有父母对我言谈举止的教育引导，就没有我今天一切的一切，包括我的事业、我的家庭、我的爱人和孩子。家风润泽之下，成就了今天之我。

1 岁的我

小学时候的我

酷爱读书 学业有成

在父母亲的严格教导之下，我从小读书都很认真。从小学到中学，到后来研究生，我一直很认真读书。读书对于我来说，首先是一种喜欢和热爱，而不仅是单纯的兴趣。1989 年，有些师兄回家乡时对我说："你们不要往北走，要往南。要到广东，广东是改革开放前沿。"就在这一年，在我工作了八年以后，我又考、读研究生了。因为，当时我依然坚定认为读书能成就自我，是一个寻找道路、答疑解惑、指导人生的重要途径。当时说要念最热门的专业，要学外语，要做外贸。于是我就考了广州外贸学院，就是现在的广东外语外贸大学。那个时候还没有合并，一个叫广州外国语学院，一个叫广州外贸学院。我们属于外贸学院，我们那一批学生基本上是学习上的高手，基本上是各个省外语科目前三名。毕业后，我还是想往北走。1993 年，我毕业分配去经贸部，档案当时已经去了部里。那时候是春节分配，6 月毕业。但还没等我毕业，也就是 5 月的时候，部里给我打电话，说："你在广州念书，懂不懂广东话？"我那时很高兴地说了我懂，然后部里回答："能听懂广东的话，你适合留在广东工作。"我在广州念书，被分配在中国蓝光工作，相当于央企。中国蓝光，它的总部在澳门，相当于是中国对外经贸部的两大窗口了，我到了蓝光。因为蓝光有分国际蓝光和中国蓝光，我就属于中国蓝光这部分。所以我去了珠海工作。1993 年毕业后，我在那里一直工作了八年。2001 年我到中山大学念书，读了黎红雷老师主持的 EMBA 班，后来又受黎老师委托，负责"中国管理哲学博士课程研修班"的工作，直到出来创办"博研教育机构"。

正是在民主和谐的家庭氛围下，当时我在选择自己前行之路时完全没有顾虑、没有包袱。那时我有很多路可以走，之所以要重新读书，是对自己人生发展的理性思考和慎重选择。本科毕业后工作了八年，那时候的我又想提升自己了。而且这个提升，不仅仅是出于自己热爱读书，而是希望寻找人生道理。这个与中华文化的渗透有密切关系。一方面，读书很重要，文以载道。同时，没有希望通过读书从而高人一等的需求。当时一心一意就是想多读点书，于是内心就涌起读研的念头。当时我到中山大学先读的是工商管理硕士，即 MBA。毕业以后，2003 年，刚好我的导师从事继续教育工作，然后我就留校跟进这个项目。这个项目需要与很多老板打交道，从那个时候起，我就一直从事教育领域工作。在教育领域，还有一个很有意思的现象，从读书后到如今从事教育，看似偶然，但是，我现在想想，也是必然。何故？其实就是中华优秀传统文化给到我内在的熏陶，就是对教育感兴趣，非常感兴趣。

在中山大学合影

孝敬父母 自觉力行

父母在哪儿，家就在哪儿。这些年，我在广州办教育，也把父母亲接过来了，父母住一单元，离我自己家不远。现在父母身心健康，享受着天伦之乐。一般情况下，我每周都回家看看父母，陪父母吃饭聊聊家常。小时候，父亲做家具的时候，我就给他打下手，帮他拿钉子、锤子、锯子等。现在父亲快80岁了，看他有时候还是喜欢琢磨，自己动手做做一些小家具，我会为他置办些工具器物啥的，支持他动手。即使他做的东西没地方摆了，我也支持他做，因为做这个可以动动脑子，而摆不下的家具，我再想办法送出去给其他人。比如，父亲要做小板凳，我就给他买了很多先进的工具，如刀、凿子，还有铜扣，零部件都配齐了，这样看起来才体现传统木制品的格调。为了买到合适的铜扣给父亲打凳子，我即使工作再忙，也会及时上网和卖家交谈，务必使买的铜扣等让父亲做出来的小凳子更美观。

不忘初心 执着教育

大概 10 年前，当国家提出非学历教育要和大学脱钩的政策的时候，我面临两个选择。一个是留在学校，这当然是非常平坦的路。但是，留在学校机会较少。举办一些项目，因为脱钩之后，这些项目就没了。于是我还是决定断、舍、离，选择离开学校。我是非常清楚若离开学校，前面的挑战一定很大。而那时我心中有着非常坚定的信念，就是鼓励一定要敢于闯天下。于是，就办了现在这样的教育机构。而我也更加清晰地意识到自己不会离开学习，也不会放弃办好教育事业的决心。总结自己这几十年，还是感觉到是中华优秀传统文化对我们产生了深刻的影响。这是一种伟力，在教育情怀的驱使之下，我也希望通过从事教育事业，能够为更多人服务，实现自己的社会价值和人生目标。目前我创办的博研教育，不是一般意义上的培训，教育三大板块分别是管理学、金融学和哲学。管理学与金融学属于应用层面，哲学是学以致用层面，它也有学以致知的成分。

我之所以选择做教育培训，把为企业家提供优质学习平台作为自己的事业，也是得益于良师益友的启发。我们常常说“Education For Life”，本义为学习是为了生命，为了自己，意译为学习成就人生。这个哲学命题是真命题，因为学习不是为了钱，不仅为了发展，也不是单纯为了改变，改变也有好的改变、坏的改变。学习就是为了让人生更加丰满。于是我就坚定了这个理念：学习为了人生。正是在这个理念指导下，这么多年，能够在全国坚持做好哲学等教育，这样的机构是很少的，目前在国内办成之后有一定规模的哲学教育培训机构，我们这家相对突出。我们开展较为系统的哲学教育课程，包括中国哲学、西方哲学、伦理学、逻辑学、心理学等，美学也有。我父母对我事业的态度是鼓励，肯定，支持。刚开始，天天晚上加班开会到半夜，我父母也会说："经常这样不行，你的身体还是悠着点。"我觉得父母就是严父慈母。父亲是军人。父亲不苟言笑，严厉，我与父亲在一起相处的时间其实不多，但是随着年龄的增长，越来越觉得他在外面打拼、奋斗，越来越感觉到他的压力，非常感恩。

不忘初心 执着教育事业

父亲对工作的认真执着，让我看到的就是一种工匠精神。他的那股劲，对我办教育产生积极的影响。我们培训教育的三驾马车是招生、教学、服务。我们都想找好的老师和学生，都想把这个事情干好。与其他培训机构相比，我们在表面上做的事情，没有任何的区别。但是，3 年、5 年、10 年后部分培训教育就没了。博研教育为什么一直能够走到现在，是因为我们当成事业了。做这个事业对社会是一种责任。这种情怀的担当，需要更高的格局。我们创办了这个教育平台，对促进企业家自身更高的成长起到积极作用。我一直在想：我们提供了这个教育，到底为什么？是为了让大家学会这个以后挣更多的吗？还是为了让大家通过学习发生改变，这些企业家通过学习以后，他们会得到进一步的发展？最后呢？就这么一个基本的问题，我就请教了武汉大学哲学系的邓晓芒等多位专家学者，在他们那里，让我更坚定了自己的教育理念与执着信念。

同时，我也意识到，如果把教育当生意做就会全军覆没。我们在做教育的过程中，我们也会算账。但是，有些东西我们真的不计成本。特别是我们的核心教学，这是从内心里对学习的认同，对教育的认同。现在想，其中父亲身上那股工匠精神已经融入我的骨子里了，潜移默化地影响了我。

有一个故事，可能也是对我自己受益。我们从事教育行业，最重要的是找到好的老师上课。当时上课的时候，我肯定要去接老师。那自然是对机场和高铁站十分熟悉。因为广州的这个T航站楼，是有点复杂的。接了老师，以后得到大厅，要坐哪部电梯回到出发点等，都需要心中清楚。记得有一次，我们是带队去江西的井冈山上课。井冈山飞机只能飞南昌，老师从北京飞南昌。井冈山到南昌，要五六个小时。我们已经带学生到了井冈山，然后我开车到南昌，接上老师以后，从南昌再开回井冈山，类似这样专程去接送老师的事情就需要十几小时了。还记得当时飞机晚点了，那天晚上老师其实也很辛苦，估计只在车上打了个盹儿。而我就没怎么睡觉了，一路开车到井冈山，凌晨四五点才回到井冈山。接着还要布置一下培训前的事情，上午八九点，就要主持开班典礼了。当时其实我不去亲自接机也行，直接安排车。但是亲自去是表示对老师的尊重，也是难得的和老师相处的机会，是向老师学习交流的机会。路程上这么长时间，我不觉得累。我想，这些应该都是父亲对工作热爱、认真、执着、钻研等精神对我的言传身教的体现吧。

团队精神 家园和谐

和谐的背后，是对人的体谅。我创业，我就是这个公司的大家长。整个公司一两百号人，有的年龄比我大，有些是年轻人。现在有一个是广财退休以后，返聘的。这位老师年纪比我大，也有的年龄跟我差不多，更多的是85后、90后。大部分人都是独生子女，个性张扬。他们不是那么服从管理，我们对他们很包容。有的人很能干，但越能干的人，越难管理。我就要去把他们融到一起，管理好这个大家庭。这个大家庭一开始是基于中大的一个老团队壮大起来的。后来为了适应市场化的需求，我请了百度华南地区的副老总，他带了一个团队过来，负责营销，因为如果没有中山大学四个字，我们就垮掉了。后来原来我中大、北大这些班又有他们自己的团队，他们并在我们这里。还有以前不是从事这个行业的，也加入我们。每一个团队都有他们自己的特点，最后有一段时间，整个场面叫山头林立。每个团队都有自己的风格、自己的理念。工资不一样，奖金也不一样。有的团队非常严格严谨，军事化、半军事化管理。团队人员到点上班，每天打多少电话、拜访多少客户有严格要求。有的团队完全不管，不要求打卡，不严格上班，放任自由。为了把这一片人拢在一起，这几年费了我好多的心思。不拢在一起的，干不成事情；拢在一起，要照顾大家，求同存异。

主要管理层在一起有 8~10 年了，大家能够一路走过来，在于我的管理理念，这些其实和父母的教育，和我们的家风有很大关系。父亲身上的工匠精神和母亲的包容，在我的工作过程中，在我处理人际关系、协调各方矛盾中都体现出来了。

心中有爱 热心公益

2017 年 4 月，在我的支持和感召之下，13 名博研校友基于达则兼善天下的初心，共同发起博研慈善基金，并于 2017 年 5 月，由广州市博研教育科技有限公司和广州市慈善会联合注册了专项慈善基金。五年来，我参与了博研慈善基金多项公益活动，服务数据是可观的，包括：以助学金方式帮扶学生 1105 人次；以光明计划方式帮扶了 1700 余名学生；以“青翼计划”形式服务了 76 名学子及教师；资助了 1 位精神康复人员的求学；为 230 名高龄长者提供夕阳关怀；实现了 5 户困境长者的微心愿；建了 1 个爱心澡堂，直接受益人数 53 人；改善了 1 所贫困县小学的基础建设，直接受益学生 336 人；资助了 1 间公益阅读馆，直接受益人数 1840 人，其中留守儿童 500 人。截至 2021 年 6 月，博雅慈善基金资助金额达到了 355.56 万元，其中向新冠肺炎紧急驰援项目捐赠了 40 万元。

结语

我以为，我们来自自己的家庭，恩泽于自己父母的养育，家风犹如空气一般存在着，看似无形亦有形，看似简单却意蕴流长。我的母亲身上的温良贤淑、与人为善，父亲身上的敬业勤勉、工匠精神，给予我正能量，营造了平等民主、和谐包容的家风，春风细雨般地润泽我，正是得益于良好的家风家训，才有了今天为社会做出了点滴贡献的我。

采访感言录

本书采访组

1. 余展洪

文以载道，道以化人。采访博研教育董事长、博研商学院院长徐晓良，实属平生所幸。时光荏苒，仿如昨日，2021 年绚丽的夏天、宜人的秋天，我曾与徐晓良董事长线上交流多次，也曾携周晨阳老师、黄暖柔同学与徐总面谈三次，其中一次徐董事长还专程邀请父母一起接受采访，交流过程中他与父母和声细语、出行过程中他对父母毕恭毕敬的情景让我们肃然起敬。印象中，徐董事长是一位执着教育、胸怀天下、孝心满怀的谦谦君子。印象中，徐总的父母豁达开朗、谦和温润、相濡以沫；印象中，徐总那句“我以为，我们来自自己的家庭，恩泽于自己父母的养育，家风犹如空气一般存在着，看似无形亦有形，看似简单却意蕴流长”的话让我深以为然、钦佩不已。

“君子与君子以同道为朋”，对徐董的采访使我深感传承中华优秀家风对人的成长的重要影响，徐董身上有着许多值得我们学习之处，让我最为动容的是他充满哲学睿智，把“小家”之格局升华到为教育事业的“大家”。他对教育事业的执着坚如磐石，对教育事业的情怀深如大海。这份执着源于他对学习的热爱和自觉、对中华优秀传统文化的热爱。他曾说，“学习就是为了让人生更加丰满”“为了成就更好的人生”，而从事教育事业正是他希望通过为企业家们创造优质学习资源而达到更多人共同成就美好人生的愿景，可见徐董的格局和胸怀。徐董传承中华优秀家风文化的故事，如潺潺流水，润泽每一位有缘听到、看到、见到的人，包括我。

2. 孔锐

（1）2021年，我有幸参与《新儒商家风》丛书编写项目，采访对象是两位董氏后裔企业家。一位是董忠泉先生，8月通过微信相识，数日后约了一次在线采访。至今我还清晰地记得，那是一个炎热的下午，我们通过腾讯会议进行了一次愉快的长谈，从下午2点半一直聊到傍晚6点。今年初，终于将访谈稿连同照片全部整理出来。数易其稿，颇费周折，最终能够顺利完成，离不开董先生的支持与信任。

董先生是汉代大儒董仲舒第77世孙，宋代以降，家族世代居于江西婺源。他是新中国成立后村里第一个大学生，毕业后放弃稳定的工作选择创业，成为一名成功的企业家。董先生谈吐高雅，富有文化内涵，时不时引用古代思想家孔子、孟子，以及先祖董子的名言，给我印象深刻。他对董氏家谱的内容尤其熟悉，家谱共有厚厚的28大本，每当在采访中谈到一些相关话题，董先生会搬来家谱，迅速翻到对应的位置，念一段家训原话给我听，那神情就好像一位专门的学者，非常有趣。

董先生以弘扬传统文化，传承家族精神为己任。他是一位温文尔雅、学养深厚的仁人君子，也是一位事业成功、心系天下的中国企业家。他的学识滋养了他的事业，而他的事业反过来让他能够更好地将传统文化发扬光大。董先生的成功是中华传统文化在当今时代仍然具有生命力的典范。

（2）2021年，我采访的另一位董氏后裔企业家是董钰欣女士。去年夏天通过微信相识。在此之前，我的一位同事已经与董女士做了一次线下采访，后来此项工作由我接手。当时整理完手头的录音资料后，董女士觉得内容不太够，除了表达不够集中以外，还存在一些一直想讲而当时没有讲出来的东西。为了避免遗憾，10月我们又约了一次在线采访。采访过后，董女士又通过微信陆续发给我不少补充材料。直到今年初，我才将访谈稿连同照片全部整理出来，其间数易其稿，成文颇为艰辛。

董女士在采访中讲了很多家里的故事，回忆小时候的点点滴滴，看似平常，却蕴含着中国人的文化和智慧，对她本人的影响十分深远。比如她讲到父亲的口头禅“吃亏是福”、母亲的教诲“情义比金重”等，这些耳提面命、言传身教直接影响到她后来的为人处世，她交朋友、做生意的方式，以及对待公益的态度，等等。她讲到自己在青少年时期，曾经喜欢西式的生活方式，后来由于某些机缘才慢慢回归传统，一步步深入传统。这些故事都非常坦诚，让人听了很有感触。

董女士做事风格十分严谨，从她多次要求安排采访，又多次发来补充材料，还孜孜不倦地修改录音整理稿等都可以看得出来。她的这种精神，让我受到鼓舞，决心竭尽所能写好这篇访谈稿。但愿这篇文章能够传达出董女士的心声，也希望读者能够从中受到一些启发。

3. 叶彦岑

我的采访对象是西藏大学附属医院王斌董事长。因为广州与拉萨距离遥远，一时间我不知道如何去完成这项采访任务，但是让我意想不到的就是，我竟然是第一个完成采访任务的老师。记得 2020 年初春，王斌董事长利用到深圳学习的机会，主动地与我们约定了采访的时间。在百忙中，王斌董事长亲自来到我们学院办公室，接受我们的采访，王斌董事长以深情恭敬的心情介绍了他的父母亲的美德和对他人生的影响。通过对王斌董事长的采访，我深深震撼的是一切的成功都有其深厚的原因。民间说的“祖上有德”与成功的因果关系并非唯心主义的胡乱联系，实质上是良好的家教家风对子女的影响和对社会的积极作用，理解到人的善念和一切的福气都来源于深厚的善念、善行和善因，善德实则是一个家庭最珍贵、最大宗的财产。这一次的采访，实际上是一次理论印证，印证了我们在课堂上讲的人生真正的价值是对社会的责任和奉献的正确性，只有把青春与生命投入国家与人民需要的地方，与历史同向，与祖国同行，与人民同在，才能创造有价值的人生，才能实现从小我走向大我。我非常感恩王斌董事长把他们家庭最珍贵的精神无私地分享给大家，让我们都很受教育。此一分享，又造一善举矣，善者处处时时皆在为善，皆因怀有一颗善良之心。

4. 晋利

魏红杰先生是贵州吉源实业集团董事长、贵州省政协常委、汽车拉力赛五连冠冠军车手。他身居高位，身兼数职，各种事务缠身。在接到采访魏先生的任务之前，听过一次中山大学黎红雷教授与儒商魏红杰先生的对话，因为崇拜，所以我印象特别深刻。作为赛车手，魏先生组建了贵州历史上第一支汽车拉力车队，经过 20 年的努力，他率领车队创造了无数中国车坛奇迹。在我们常人看来，一个人能做好一件事已经非常不容易了，但是魏先生可谓跨界王，他在商界、政界、赛车界甚至学界都是佼佼者。对魏先生的采访，也是魏先生看了自己的日程安排，约在 8 月中旬一天的晚上，等魏先生忙完，9：30 开始，视频中出现了魏先生特别真挚的笑容。那天采访完已经过了深夜 12 点。

成功人士都是行动派，他们精力充沛，并充满激情。采访时间超过三小时，但是，企业家仍然兴致不减，侃侃而谈。魏先生有运动员的气质，又不乏儒雅，始终让人感到如沐春风、心情愉悦。他在回忆自己成长过程的时候，能让我深深感受到他对父母、家人、家庭的那种眷恋和热爱，因为热爱，所以感恩；因为感恩，他克服一切艰辛，始终让自己披荆斩棘，无往不前，在自己永攀高峰的时候，不忘造福社会和他人。每个孩子身上都有父母的影子，都是家庭教育、家庭氛围熏染的结果，这就是家风的力量！我希望通过对成功企业家的采写，能让更多家庭、更多人受益。

5. 王喜英

我的采访对象是周前发董事长。访谈中，他讲述父母、自己一生的重要经历及其家风，让我深深感受到一名企业家受父母潜移默化的影响、无畏艰苦、以诚待人的优良品质。在“家风”的采访过程中，周前发董事长说：“家风无形，深深佑人。家风有形，铸我根本。家风灌注在血脉之中，身体力行，言传身教。”在谈到好的家风对教育孩子的影响时，他表示，家风如细雨，润物细无声，好的家风对孩子会起到潜移默化的教育作用，像当初父母教导我那样给我的孩子上家风教育课，要求孩子要把《弟子规》等国学经典名篇背下来并理解，听他所述，再次让我意识到父母的言传身教是我们最好的老师，已做父母的我们更应该传承去做合格的老师，身体力行，言传身教，传承精髓，感悟自省。每一个家庭都有淳朴的家风，好的家风会带来美德的传承，力量的积聚，社会的和谐有序，“修身、齐家、治国、平天下”是我们每个人所具有的宣言，家风对国家和民族的团结与凝聚起到积极的作用，良好的家风是实现中华民族伟大复兴中国梦的磅礴力量。

6. 高雅

本次的采访对我而言是一次学习的过程，作为一名教师，学习了金徽校长对教育秉持的初心与倾注的热忱；作为一名母亲，学习了金校长如何成为孩子的榜样与指路的明灯；作为一名女性，学习了金总身上细腻、温柔与坚韧、强大两种不同特质塑造出的女性力量。此外，金总所讲述的家风故事更让我深刻体会到了家庭建设的重要性，中国传统文化的一大特色是“己—家—国”三位一体。《礼记·大学》称：“古之欲明明德于天下者，先治其国；欲治其国者，先齐其家；欲齐其家者，先修其身。”在儒家的社会和谐模式中，“齐家”是“治国”和“平天下”的重要环节。家，既是己的依托和归属，又是天下之根本。家齐了，国也就治了，社会也就和谐了，天下也就太平了。因此，家庭的和谐稳定对社会的和谐稳定具有至关重要的意义。

家庭是社会的基本细胞，家庭的前途命运同国家和民族的前途命运紧密相连。家庭和睦则社会安定，家庭幸福则社会祥和，家庭文明则社会文明。

7. 嵇苏媛

“要把好事给大家”“永远不要说我知道了”“谦虚好学、与人为善”“百善孝为先”“与人为善，吃亏是福”……采访完“全国劳动模范”、天元集团的创始人李景春，这些谆谆教导一直萦绕于心。在梳理撰写采访稿的过程中，我也对中华优秀传统文化的魅力有了更深的感触。

让我印象最为深刻的是，李景春董事长非常看重“真诚”，认为拥有爱是每一个人的本性。就像《礼记·大学》说的：“大学之道，在明明德，在亲民，在止于至善。”只有先唤醒明德的自己，才能有光明去找别人。这样的精神境界让我在敬佩之余也多了感动，更让我学会了只有内心带着爱，在生命成长中把心灵品质建设看作人生的第一大战略，并落实到细微具体的行动中坚定践行，我们所处的世界才能充满美好与希望。

“感恩”是我与李景春董事长交流过程中最高频的词，这里再次引用。感恩此次《新儒商家风》丛书编写项目，感恩李景春董事长对家风的重视与传承，让我也从中收获“幸福人生密码”，并努力向李景春董事长学习，做到“以谦修身、以德立世”。

8. 彭雁翎

“天下之本在国，国之本在家。”家风是一个家庭的精神内核，也是一个社会的价值缩影。为以好家风促好民风，博鳌儒商论坛理事会与北京健坤慈善基金会携手，全力资助开发了《新儒商家风》丛书的编写工作，我有幸参与其中，对中国野生蓝莓行业领军人物、黑龙江北极冰蓝莓酒庄集团总裁刘咏梅董事长的家风教育进行采访，对此我深感荣幸！在过去一年与刘咏梅董事长进行的家风建设交流更是让我获益匪浅！

完成对刘咏梅董事长家风建设采访稿的撰写，经历了前期资料收集、采访提纲撰写及修改、访谈时间对接、交流访谈及采访稿后期整理等过程，几经易稿才最终将《崇德向善 匠心报国——刘咏梅家风采访》呈现给大家，这里面也离不开《新儒商家风》系列丛书专家们的悉心指导，在此也深表感激。如今，回忆起对刘咏梅董事长家风建设的采访，她知无不言、言无不尽的畅谈依旧历历在目。采访前，初出茅庐的自己即使在已经做了大量准备的前提下依旧忐忑不安，但在采访正式开始之后我便立即被刘董事长温和大度、谦逊有礼的言谈所安抚，在采访中她更是热情地称呼我为“妹妹”，这让我得以打消顾虑全身心地投入采访工作。不得不说，对刘董事长的家风采访更像是接受了一场精神洗礼，让人如沐浴春风！在采访中，刘董事长缓缓讲述起家族朴实无华又端严谨慎的家风家教，她敞开心扉的分享就像是在我眼前展开了一幅父慈子孝、兄友弟恭、父母相敬如宾、家族守望相助的温馨画卷，让我深受感动也充满力量，我想这恐怕就是好家风传承的力量吧，感恩！

9. 王婉雯

我有幸采访了广东省首家专门弘扬优秀传统文化的慈善组织——广东省蓝态幸福文化公益基金会的理事长、发起人张华先生。在交流过程中，我有两点深刻感悟，兹记于此。

一是良好家风家教之力。张华先生提到，家风是无言的身教，他的父母没有系统学习过传统经典，但其行为往往可以在经典中找到相对应的义理，这种身教对张华先生的处事标准和人生道路产生了无形影响，让他在几十年的人生道路选择上始终秉持一个信念——一定要做有价值的事，不论是起家的健康水处理设备，还是后来的企业为公益让步，都有赖于这一信念的支撑。二是优秀传统文化之力。中国哲学强调实践智慧必须转化为实践的行为，张华先生学习传统文化十年有余，并做到了知行合一。在破解了自身管理问题之后，他践行“泛爱众，而亲仁”的仁爱之心，成立了基金会，弘扬中华优秀传统文化，就是为了让更多人受益。这是企业家勇于承担更大社会责任的表现，也是身体力行落实第三次分配政策的体现。家风家教乃至传统文化所传达的仁义为本、义利统一的价值观，对于企业家维持良好的商业生态系统发挥了积极作用。

此套丛书的发行及对儒商家风的关注，将会让更多人认识到家风的重要性，以及以中华优秀传统文化为内容的家庭教育与学校教育的互补意义，“正家，而天下定矣”。